小朋友的廚房

一起動手做家庭料理

作者・上田典子

翻譯・林劭貞

當你開口大喊
「我肚子餓了！」的時候，
與其等待大人幫你做料理，
不如打開冰箱，
試著自己動手做！

小朋友做得到的事情有很多哦！
像是剝白菜葉、打蛋……
不論從哪一項開始都可以，
試著做自己想吃的餐點吧！

小朋友的廚房

① 看看廚房裡有什麼食材

② 決定使用什麼調味料

③ 選擇鍋具和烹調的方式

穿上圍裙，戴上頭巾，
準備工作完成！

洗手了嗎？

洗了！

好！
開始嘍！

歡迎回家！

我們回來了！
咦？

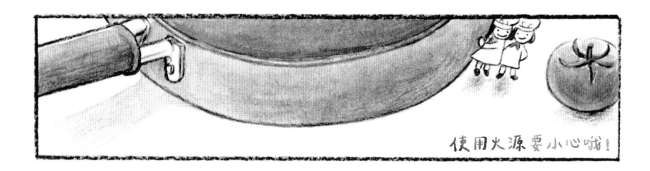

使用火源要小心哦！

目　　錄

第3章

小朋友的食譜 ⋯⋯⋯⋯⋯⋯⋯⋯ **47**

第1章

讓食物美味的方法

本書裡的食材都是以兩人份計算。
一大匙是15 毫升（ml），一小匙是5毫升（ml），
一杯是200毫升（ml）。

切割食材

在使用菜刀之前

準備料理的時候，通常都要先「切」食材。
為什麼不直接使用，而要先「切一切」呢？

① 讓食材的尺寸大小統一。
② 切成適合嘴巴咀嚼的大小。
③ 用火烹煮時，比較容易入味。

咦？用菜刀切啊？

開始料理前，先介紹一下平常慣用的道具，
它們都很適合拿來切割食材哦！
我們就從這裡練習看看吧！

剪刀

如果是給小朋友使用，
建議使用安全剪刀哦！

剪刀可以用來剪斷青蔥、
也可以剪開菇類。

做料理時，
很常用到剪刀哦！

請好好練習雙手
使用剪刀的技巧。

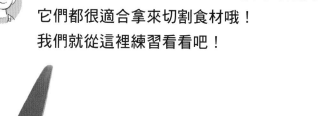

湯匙

如果要把蒟蒻切成小塊，
湯匙是最好用的。

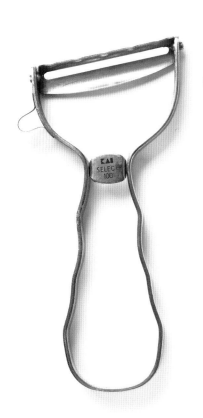

刨刀

 用一隻手握住蔬菜，
再用另一隻手將蔬菜拉直。
把蔬菜翻過來，再拉直擺正。

 我沒辦法做得很流利吔！

 如果刨刀拿反了，
就沒辦法削皮！

從削胡蘿蔔的皮開始！

奶油刀 · 餐刀

 必須從上方握住菜刀時，
對於分不清楚菜刀上下端的小朋友，
建議可以使用奶油刀和餐刀。

它們也可以把香蕉切得
很漂亮哦！

首先要記得，
切食材是很有趣的一件事哦！

最後是……菜刀

 首先，我們從菜刀的基本小測驗開始。
如果答對的話，就可以試著拿菜刀哦！

Q1 菜刀和蔬菜，
手要先拿哪一個？

答案⋯⋯⋯⋯**蔬菜**

首先，把蔬菜放在砧板正中央。把不會晃動的部分朝下放，切的時候要保持冷靜。這很重要。

Q2 菜刀要放在
什麼位置？

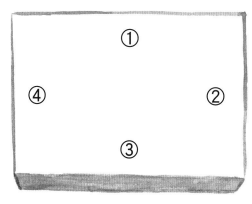

答案⋯⋯⋯⋯⋯**①**

要把菜刀放在即使刀子滑落，也不會砸到你腳上的位置。

Q3 擺放菜刀時，
要朝什麼方向？

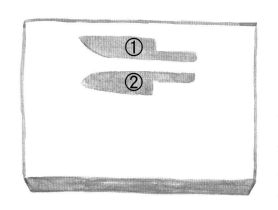

答案⋯⋯⋯⋯⋯**①**

這樣擺放，就算你在砧板上移動蔬菜，也只會碰到比較鈍的刀背。

握住菜刀的方法

不要施太多力。

標準的切法

這就像飛機著陸時，菜刀前端稍微朝下，像是要往前推似的切下去。然後再把菜刀往後拉，一直拉到最後。重複往前推、往後拉。

劃開——
一旦習慣了這個動作，不論什麼食材擺在面前，都可以切得很漂亮哦！

如果切完之後，食物的細胞保持美麗的形狀，那麼食物就會很美味。

如果切完之後，食物的細胞變形，口感就會不好，還可能出現苦味。

寫給家長的話
避免切菜時手忙腳亂，最重要的是用左手把食材穩穩的固定住，並且注意手指不要靠近刀刃。
此外，請準備適合切菜的刀具。廚房的刀具可不能像鋸齒般哦！

試著切切看這些食材

讓我們像大人一樣，輕輕鬆鬆的切好這些大的、硬的食材。

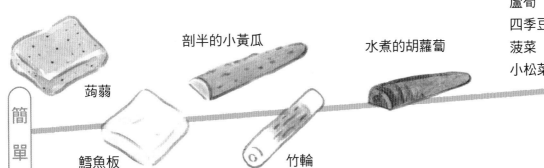

白蘿蔔
蘆筍
四季豆
菠菜
小松菜

剖半的小黃瓜

水煮的胡蘿蔔

蒟蒻

鱈魚板

竹輪

簡單

困難

煎

煎食物是為了……

① 消滅附著在食物上面的細菌。

② 讓食物呈現美味的顏色，並且增加香氣。

 **小火**  **中火**  **大火**

盡可能讓火焰
越小越好。

使用平底鍋時，
讓火焰與鍋底之間有些空隙。

火焰尖端在鍋底
的位置。

> 沸騰時，
> 水的溫度是
> 100度

> 放在爐火上
> 的平底鍋，
> 溫度大約在
> 150度～
> 200度

> 平底鍋
> 冒煙時，
> 溫度大約是
> 220度

 好燙啊！

煎薄切肉片時

 切薄的食材，很快就能煎好，
但是，也很容易燒焦！
請用你的鼻子、耳朵、眼睛
確認是否煎好了。

 味道好香啊！

 會發出啪滋啪滋的聲音！

 稍微翻動一下，如果想
要食物看起來很美味，
表面一呈現焦茶色，
就要趕快翻面哦！

煎厚切肉片時

厚切肉片的中間不容易煎熟，
在煎肉片前的20分鐘，必須把肉片從冰箱裡拿出來退冰。
煎厚切肉片時，要用中火。

如果火太大，肉片表面會烤焦，
但是裡面可能還沒有熟透。
要如何煎熟厚切肉片的
中間呢？

一將肉片翻面，
就立刻蓋上蓋子。

原來如此！

這樣的話，
就好像讓肉片泡澡，
火會慢慢的把肉烤熟。
用筷子戳一下肉片，
如果筷子可以穿透肉片，
表示肉片中間已經熟了！

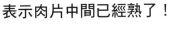

♪ 煎肉片時要怎麼做呢？
聞起來好香，又沒有燒焦味，
在鍋子裡發出啪滋啪滋的聲音了，
顏色看起來很好吃，
好的！現在可以翻面嘍！

炒

確認一下
你的平底鍋

★ 鍋面塗滿薄薄的一層油。

★ 小心的把火打開。

★ 看看平底鍋有沒有放在火源正
上方。烹調時,鍋子會不斷的
移動位置。

翻炒的時候,
左手緊握著鍋柄。

鍋柄這個地方很燙
平底鍋的邊緣很燙,
要特別小心哦!

14

不論是煎或炒，作法都相同。
可以吃了嗎？來嘗一嘗！好吃嗎？♪

美味的炒法

 如果要炒菜，
我會把蔬菜放入已經加熱的鍋中。
這時候鍋子會發出滋滋響的聲音。

 青菜變透明了！

 我想要翻炒！我想要翻炒！

 等青菜開始變軟，
就可以翻炒了！
把青菜從平底鍋的底部鏟起來，
像是將青菜翻面一樣。
加上一點點鹽就完成啦！

 從一開始就要輕輕翻炒。
「炒」這個動作
‖
從一開始就要翻動
這一點很重要。

水煮

把食物放入水裡煮熟，就是水煮。
葉菜類要在水沸騰之後再放入水中。
馬鈴薯從冷水開始就放入，
或是等水沸騰之後再放入
都可以哦！

適合水煮的食材包括菠菜、小松菜、紅蘿蔔、萵苣……等等。水煮的好處，是可以一口氣提高溫度，但缺點是水分可能會過多。

使用水煮和蒸煮這兩種方式，
都可以輕鬆完成料理。

蒸煮

附著在鍋蓋裡的水，是從哪裡來的呢？
其實它們是「蒸氣」。雖然肉眼看不見，
但是非常燙，有可能會被燙傷哦！
這些很燙的蒸氣，
被悶在鍋蓋裡。

適合蒸煮的食材，包括馬鈴薯、包心菜、
紅蘿蔔……等等。蒸煮的好處，是溫度可
以慢慢進入食材中，但缺點是
無法入味。

水如果燒乾了，鍋子的溫度會一下子升高。
要注意別讓水燒乾。

17

燉煮

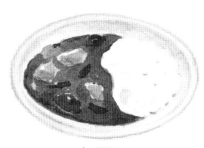

咖哩飯

紅燒肉

煮魚

果醬

豬肉味噌湯

關東煮

馬鈴薯燉肉

燙青菜

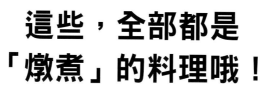

這些，全部都是
「燉煮」的料理哦！

所謂「燉煮」，是怎麼一回事呢？

在鍋中放入食材與調味後的湯汁，
然後開火加熱的過程，
就稱為「燉煮」。
這與水煮有一點不一樣。
「燉煮」可以讓湯汁與食材融合
在一起，越煮越入味，
不論是湯汁或食材都會越來越美味。

如果把蓋子蓋上，就算只有一點點湯汁，整鍋食材的風味都會更加濃郁。

湯汁 + 調味 = 美味

「燉煮」的料理，最重要的是試著創造出最後的成品。
湯的分量需要很多嗎？
可以使用很多材料嗎？
直到煮完之前，都要記得這個重點哦！

為什麼味道嘗起來有點淡呢？

即使我都照著食譜做，
但有時候成品還是跟我想要的味道不一樣。
每個家庭的鍋子尺寸與火力強弱都不一樣，
所以這是很正常的現象。

食譜是參考標準，不過實際烹調與食用的人是自己。味道如果太濃，可以加水；味道如果太淡，可以加點調味再煮。有時候在煮好之前，可能需要調整鍋中食物的鹹淡，這是第二個重點。

說到調味，那可不能隨便，
就交給我吧！

浮沫是什麼呢？
在煮湯或咖哩之類用「燉煮」的料理時，會看到表面漂浮著泡沫般的茶色與白色物質，這就是「浮沫」。如果加入肉類，會出現更多這樣的泡沫。雖然看起來不太美味，但它對人體無害。不過為了不讓它沾附到食材上，使得整道菜看起來不好看，還是建議等湯汁沸騰時，把一團一團灰色泡泡撈起來。

認識調味料的滋味

調味料有助於襯托出米飯或食材的味道。

你曾經嘗過調味料的滋味嗎？
把這個加入食材，會變成什麼樣的味道呢？
知道如何使用調味料，是很重要的。

寫給家長的話
孩子在試嘗味醂或酒的味道時，可以先煮沸，去除裡面所含的酒精。

和風食物

基本調味料

砂糖

甜味。可以用蔗糖或甜菜根製作出來，可以延遲食物腐敗的速度。

鹽

鹹味。可以用來調味、脫除水分，以及延遲食物腐敗的速度。

醋

酸味。可以從米、蘋果、葡萄等食材中得來。作用是為食物裡的黴菌消毒。

味噌

鹹味。由黃豆、麥、米等發酵而成。

醬油

鹹味。由大豆、小麥、鹽等發酵而成。

加入基本調味料，
但滋味不夠的時候。

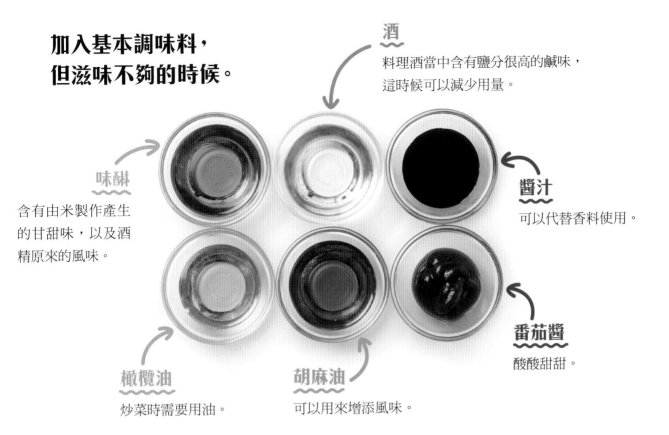

酒

料理酒當中含有鹽分很高的鹹味，
這時候可以減少用量。

味醂

含有由米製作產生
的甘甜味，以及酒
精原來的風味。

醬汁

可以代替香料使用。

橄欖油

炒菜時需要用油。

胡麻油

可以用來增添風味。

番茄醬

酸酸甜甜。

如果你想要有不同風味，還可以加上
芝麻、海苔、梅子、柚子醋、麵味露、美乃滋……等調味料。

 有好多種調味料啊！

 當你試了味道之後，可以思考一下，下次再煮的時候想要什麼味道？
要用什麼調味料？要放多少分量？這一點很重要。
想要鹹一點、甜一點或濃一點、清爽一點時，
可以利用鹹味+甜味，或者酸味+甜味……
變化出不同的組合來使用哦！

Q1 味醂和砂糖，
哪一個比較甜？

答案…………**砂糖**

砂糖的甜度是味醂的三倍。

Q2 全世界食用最多美乃滋
的國家是哪一個？

答案…………**俄羅斯**

不是日本哦！

鹽，真是太神奇了！

鹽的作用

 鹽，可以賦予食物鹹味！

 不只是這樣，
鹽還有很多功用呢！

讓食物
不容易腐敗

讓食物的
色澤好看

去除
臭味

幫助麵糰
膨脹

讓烏龍麵
變得Q彈

燒鹽（光滑的）
可用在需要撒鹽的時候，
增添肉與蔬菜的風味。

粗鹽（中等顆粒）
可調製義大利麵醬汁，
或是用來醃漬蔬菜。

 鹽真是太神奇了！

 鹽，不只有鹹味而已，
還含有海水的風味。

鹽可以釋出
蔬菜的水分，
使其變軟。

在製作
冰淇淋時，
也會加鹽。

鹽是保持身體健康的重要物質，
但如果攝取過多，對身體也不好。

最適當的鹽分濃度，
據說是1%（100公克的水，加上1公克的鹽）。

人體的血液裡，含有0.9%的鹽分。
幾乎等於最佳鹽分的濃度，真是不可思議啊！

1公克的鹽，大約有多少？

I/6小匙

大人手指捏起
三次的分量。

**重口味醬油
I小匙**

**味噌
紅味噌、信州味噌
I小匙～1/2大匙**

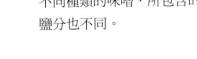

不同種類的味噌，所包含的
鹽分也不同。

當你只需要加一點點鹽
時，可以用手指抓兩次
的分量就夠用了。

 當你做一碗（100毫升）味噌湯時，
加入含有1公克鹽分的味噌，就很有味道了。
如果要為重量100公克的肉調味時，
請試著加入1公克的鹽看看。

餐點的準備

孩子可以一起做的事情

把餐桌變成「可以吃飯的地方」
（整理餐桌）。

排列碗盤或筷子。

大家一起說「開動啦！」

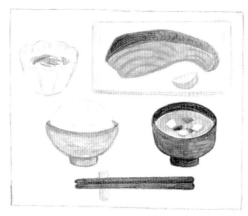

準備餐點是否有很多規則呢？

 如果自己做飯，
我是否非要吃掉自己不喜歡的食物呢？

 嗯，其實不要這麼認為。
重要的是舒服愉快的享用餐點。
與其在餐點裡挑出自己討厭的味道，
不如找找看你自己喜歡的美味，
一面想著「我現在吃到了什麼？」
一面試著吃吃看。
如果是討厭的食物，
試著只吃一口就好。
想想看那是什麼味道？
是軟的，還是硬的？
當你吃飽後，滿足的摸摸肚子時，
就是最大的享受。

與孩子一起下廚的意義

「吃飯的人」變成「做飯的人」

對許多父母來說，和還不會拿菜刀的孩子或對於做菜躍躍欲試的孩子一起下廚，可能是令人卻步的挑戰。一定有很多人覺得「最好全部都讓大人來做，這樣比較安全，也比較輕鬆！」然而我認為，如果想吃飯，就必須學會做料理。

本來就喜歡吃東西的我，5年前開始在自己家裡開辦以小朋友為對象的料理教室——小朋友的廚房，每天都和不同年齡層與性格的孩子們一起做飯，孩子的年齡從3歲左右到小學高年級都有（有時候也有大人）。這本書就是為了訴說我從中得到的收穫，並且希望能鼓勵更多人，每天和孩子一起下廚。

在「寫給家長的話」單元裡，我將分享「小朋友的廚房」課程、我和孩子們一起在生活中所實踐的事情，以及我的一點小巧思。

動手做料理，是一種對話

做料理的時候，可以聽到各種不同的聲音。父母若能在家裡和孩子一起動手做料理，這段時光將非常珍貴。一邊剝著豌豆，一邊說「稍微幫我壓一下！」；或是「昨天我發生了這件事情……」等等，這樣的親子對話，是非常重要的。

如果說是「溝通」，也許過於誇張，但我認為與孩子一起做飯，是開啟彼此對話的第一步。孩子不需要從頭做到最後，而且做出來的料理也不需要很完美，真正重要的，是在做料理的過程中聊天、分擔工作、一起思考，讓親子之間更了解彼此。這就是與孩子一起下廚的樂趣。

「幫孩子做好準備」
而不是「為他們擔心」

　　廚房裡有許多危險物品，孩子很可能會在這裡做出意料之外的事情。可是，我認為與其擔心孩子，或者怕他們失敗，而不讓他們做任何事情，更重要的是幫助他們做好「動手做料理」的準備。不過，就算要達成這個目標，也不需要特地購買或準備特殊物品（例如廚房刀具與剪刀），而是根據自己的目的，花一點小巧思，充分運用家中現成的物品。

❀　當孩子要敲開雞蛋的時候，不是會拿著雞蛋和容器嗎？此時，可以準備一個碗來裝敲開的蛋，以及一條抹布。不論是父母或孩子，都能在先做好準備的過程中減輕壓力。

❀　使用菜刀準備食材時，工作區域的「高度」是很重要的。如果廚房對於孩子來說太高，可以使用踏臺。在「小朋友的廚房」，我們使用的是我家裡的餐桌，或者是餐椅的椅面。找一找你的家中對孩子來說不會太高的地方，而且東西放在上面也很平穩，不會搖晃。最適合的高度，是和孩子的手肘一樣高。

❀　使用廚房刀具時，盡可能把周圍清空。這是為了讓孩子把注意力集中在切食材這件事情上。

❀　在為料理調味時，常會擔心調味料的分量不容易拿捏。如果你也有同樣的困擾，請拿一個小盤子裝一點食物，然後試著用調味料調味並且嘗嘗味道。在我的教室裡，鹽罐出口的一半孔洞都用膠帶貼起來，以防止一次倒出太多鹽。

對於慣用左手的孩子

　　我常常被問到「我的孩子是左撇子，我該準備什麼樣的刀具？」答案是——如果家裡的刀是雙面刃，就不需要特別另外準備。

　　要特別注意的是剪刀、木鏟、鍋鏟。尤其是鍋鏟之類的，如果它們傾斜的幅度是為了慣用右手的人而設計，那麼慣用左手的孩子可能就不容易翻轉它們。因此，請務必選擇至少是左右對稱的廚房用具。

第2章
讓食物美味的祕密

雞蛋大變身

只要能把蛋殼敲開，你就是個了不起的廚師了！
雞蛋配上米飯很好吃，單純的水煮蛋或煎蛋，
也是大家都喜歡的雞蛋料理。
你可以把雞蛋做成你想吃的樣子，然後大快朵頤！

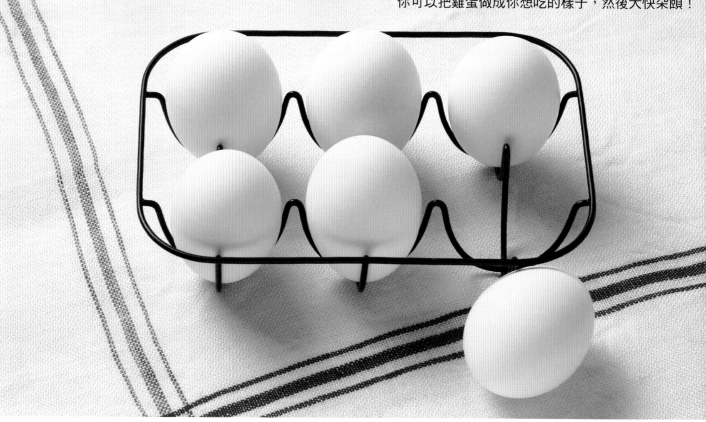

雞蛋的組成

上

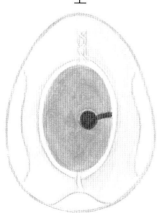

下

蛋殼內有一層薄膜。

試著敲開雞蛋吧！

①
從上方握住雞蛋。

②
對準雞蛋的正中央，
叩叩叩的敲幾下。
注意聽聽聲音的變化。
從叩叩叩 → 喀啦！

在一個平坦的檯
面上，把蛋殼敲
出一個裂縫。

③
輕輕的捏一下蛋殼裂縫，
裂縫會變得更大一些。
把兩隻手的大拇指放在裂縫上，
朝著自己的方向，把蛋殼剝開。
小心不要把蛋殼捏碎哦！

煎蛋皮

材料

雞蛋 ················ 1 個
鹽 ···················· 少許
油 ···················· 2 小匙

把蛋白
與蛋黃充分拌勻。

雙手要穩穩的握
住平底煎鍋哦！

①
把雞蛋打進碗裡，開始攪拌。
蛋白本身不容易打散，
可以用筷子把蛋白挑起，
利用碗壁讓蛋白與蛋黃混合在一起。
加入少許鹽，繼續攪拌。

②
在平底煎鍋裡抹上一層油，
用中火加熱，倒入蛋液。

③
握著平底煎鍋，朝前、後、左、
右傾斜。持續晃動平底煎鍋，
直到蛋液不再流動為止。

④
當蛋皮的邊緣捲起來時，表示已經煎好了
（不需要將煎蛋翻面）。
等蛋皮冷卻之後再切。

水煮蛋

①

在一個鍋裡放入雞蛋和水，
讓雞蛋全部浸在水裡，用中火加熱。

②

水沸騰之後，
要吃半熟蛋，再煮 6 ～ 7 分鐘。
要吃全熟蛋，再煮10分鐘。

③

把蛋從碗裡撈起來。

④

把蛋叩叩叩的整個敲出裂痕。
再度把蛋浸到水裡，並且把蛋殼剝除。

剝除蛋殼的
感覺很好哦！

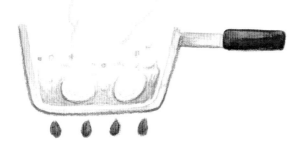

炒蛋

材料

材料	分量
雞蛋	2 個
牛奶	1 大匙
鹽	少許
油	1/2小匙
奶油	5 公克（1 小匙）

①
打蛋。把蛋白充分打散，
再加入鹽和牛奶攪拌。

②
加熱平底煎鍋，再倒入油，
讓油覆蓋整個鍋面。
放入奶油，使其融化。

③
倒入蛋液，用鍋鏟攪拌。
感覺像是要把蛋從鍋底鏟
起來，不需要快速攪拌，
等蛋煎到凝固，
就可以盛到盤子上。

**咦？一下子
就完成了！**

重點：
開始煎蛋之前，
先把盛放煎蛋的
盤子準備好。

用米做出來的餐點

單吃亮晶晶的米飯，
就已經夠美味了。
堅硬的米粒，
是如何變成鬆軟的米飯呢？
真是不可思議啊！
讓我們試著創造有關
米飯的美好回憶吧！

量米的方法

在量米杯（180毫升）裡，
倒入米粒。

然後壓一壓。

如果從側面看，
恰好是1杯的分量。

使用這種方法，
不論是誰來量米，
量出來的結果
都一樣。

我們來洗米吧！

①
把米與水倒入碗裡，用手輕輕
攪拌，把水倒掉。這是為了去
除米粒上的髒汙和雜質。

②
在不加水的情況下，用手攪拌米粒。
「沙沙沙！」
在碗底的米粒也要攪拌到哦！這樣會
發出好聽的「沙沙」聲！

③
把水加進碗裡，輕輕攪拌之
後，再度把水倒掉（也可以使
用瀝水盆）。
重複步驟②與③三～四次。
水的顏色會從牛奶色，變成像
稀薄的可爾必思飲料顏色。

④
把水瀝乾，就完成洗米了。

煮飯的方法

各家巧妙不同

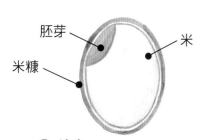

① 洗米

洗去稻米的米糠。

② 浸泡

將米粒浸泡在水中，讓米粒
變軟。

③ 開火

當吸收了水分的米粒受熱
時，米粒的表面會融化，
並且變得黏稠。

④ 水蒸氣

當米粒吸收了四周的硬水，
會開始變得蓬鬆有嚼勁。

⑤ 用電子鍋煮飯

將米飯放入電子鍋中，根據米量刻度加水。 如
果煮2杯米，水量也要是2杯水。讓米粒在水中
浸泡約20～30分鐘，然後按下煮飯開關。

※ 使用電子鍋煮飯時，2杯米大約使用400毫升的水。

寫給家長的話
電子鍋有不同的種類與型號，
有的可以吸收水分，請根據家
中的電子鍋調整時間。

開飯嘍！
我們要好好咀嚼20下，
品嘗米飯味道的變化。

小朋友也能輕鬆做
握壽司

美味握壽司的握法

1. 先把握壽司的道具與海苔準備好。
2. 不要握得太緊。
   讓米飯鬆鬆軟軟的，才會美味。

小朋友握壽司 ①

碗與保鮮膜

在碗裡鋪上保鮮膜，
倒入一半的米飯。

把握壽司的材料放在碗的
正中央。

最後再放上另外半份的米飯。

把保鮮膜的四邊抓起來變
成袋子狀，袋口捏緊或綁
緊之後，從碗裡拿出來。

握住保鮮膜袋子上方，開
始整理形狀，圓形或三角
形都可以。

撒上一點鹽，就完成了。
也可以依自己的喜好，把
海苔包進去，或是撒上芝
麻。

小朋友握壽司 ②

碗與盤

碗裡放入半份的米飯，把
食材放在正中央，再蓋上
剩下半份的米飯。

把盤子蓋在碗的上面，兩
手壓緊盤子與碗，開始搖
晃。上下左右都搖一搖。

撒上一點鹽，整理成自己
喜歡的形狀。

甜味的來源是高湯

高湯是從食物裡提煉出來的「甜味」。具有甘甜滋味的昆布和鰹魚，是日式高湯不可或缺的材料。那麼，要如何熬煮出高湯的甜味呢？

① 在一杯（150毫升）水裡加入1/4小匙的鹽。

② 在一杯（150毫升）高湯裡加入1/4小匙的鹽。

嘗嘗味道。哪一個比較美味？

高湯本身的味道也許不太夠，但是加上一點點鹽，就會變得很美味。

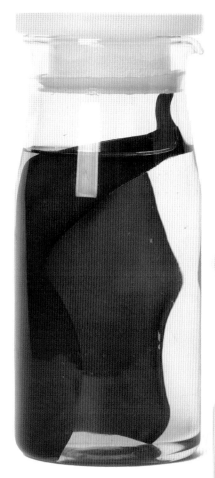

在「小朋友的廚房」裡，常常會使用簡單又美味的「昆布高湯」哦！

昆布高湯的作法
在500毫升的清水裡，加入一條10公分的昆布，靜置30分鐘。它的保鮮期限是2～3天，所以請放進冰箱裡冷藏。昆布高湯不只能用在日式料理中，也能運用在西式料理中。

高湯有兩種

動物性：柴魚片、小魚乾、蝦米……等等。
植物性：昆布、乾香菇……等等。
根據料理變換使用動物性或植物性高湯，也可以使用高湯包，裡面通常已經包含
各種不同的材料。

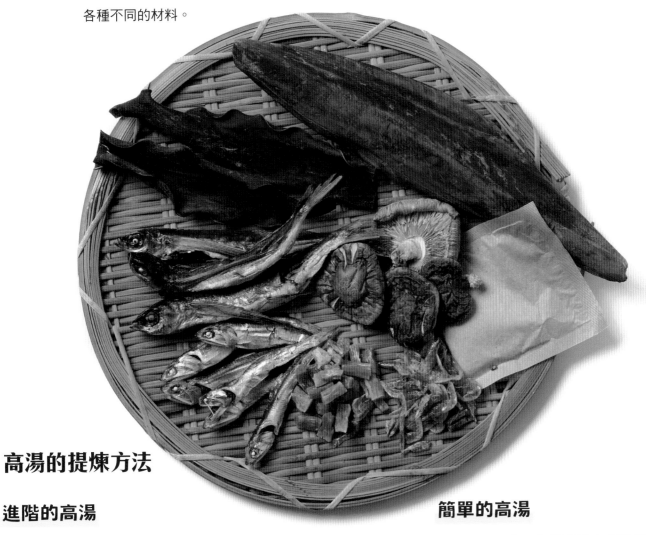

高湯的提煉方法

進階的高湯

在鍋裡將500毫升的昆布高湯煮滾之後，將
昆布取出。在鍋底放入一把（約20公克）柴
魚片，再次煮滾後熄火，燜一分鐘，再用料
理紙過濾。

簡單的高湯

把小包裝的高湯包放進昆布高湯裡，
以中火加熱。煮滾之後，把高湯包取
出就完成了。

※ 高湯包裡已經加了鹽，所以調味時不用加
　太多鹽。

 也可以從培根肉或雞肉之類的食物中萃取風味，就算不再另加高
湯，已經很美味了。
鍋類料理之所以美味，是因為湯裡含有各種食材成分。就算不另外
加高湯或味素，也很美味唷！

找一找
你想吃的肉！

在超市或肉鋪裡，肉類被包裝成一包一包的。你知道這些牛肉、豬肉、雞肉，是屬於哪個部位嗎？用它們來做哪一種風味的料理，才是最美味的呢？

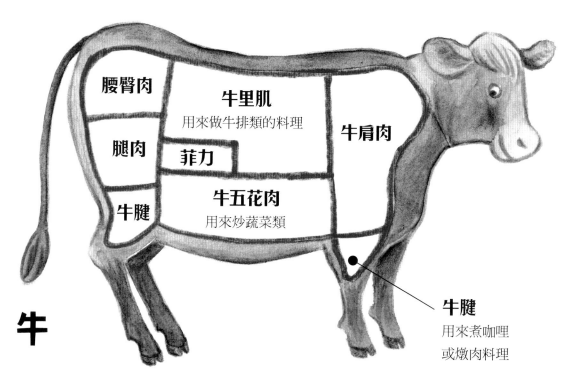

腰臀肉

牛里肌
用來做牛排類的料理

腿肉

菲力

牛肩肉

牛腱

牛五花肉
用來炒蔬菜類

牛

牛腱
用來煮咖哩
或燉肉料理

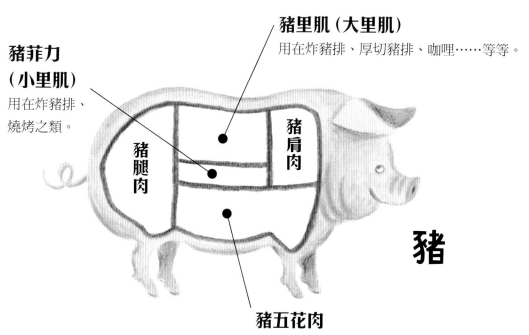

豬里肌（大里肌）
用在炸豬排、厚切豬排、咖哩……等等。

豬菲力
（小里肌）
用在炸豬排、
燒烤之類。

豬腿肉

豬肩肉

豬

豬五花肉
切成丁角狀，可以用來炒蔬菜。

請你摸一下自己的肚子，是軟軟的嗎？那麼爸爸的肚子呢？

我們肚子的這個位置，就是牛或豬的腹肉部位。腹肉與肋骨一起保護重要的內臟。

動物的後腿肉，相當於人類的大腿。雞的筋肉很緊實，是為了可以四處走動。

雞胸肉位在哪裡呢？就位在胸肉的中間。相當於人類的後背。

雞

雞翅尖

雞翅根

雞胸肉
用來煮雞湯
或蒸雞肉。

雞柳

小里肌
用在炸雞肉、
親子丼等。

不論是用菜刀或剪刀，
都很難切肉。

一開始可以先使用
已經切好的肉哦！

Q 雞腿肉攤開之後，
哪一個是上面的
部位？

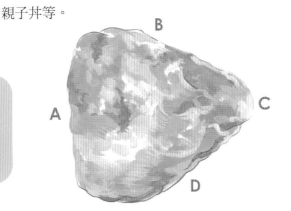

答案⋯⋯⋯⋯⋯⋯**A**

雞腿肉攤開之後，
會變成三角形。上
方比較肥厚的部分
是大腿。下方帶著
筋的細窄部位，是
腳關節。

測量肉的原則（利用其他食材或工具）：
一人份100公克，相當於兩個雞蛋，或是大人一個拳頭的分量。

千變萬化的 蔬菜

試著將蔬菜從中間剖開吧！
用顏色分類、用季節分類、
長在地面上的、長在地面下的。
是誰把蔬菜分成「喜歡的」與「討厭的」？
用蒸的？用烤的？還是直接生吃？該如何食用呢？

這像什麼呢？

看得見嗎？

煮過之後，
就會變甜哦！

比腿還粗吧！

有了蔬菜，料理就能呈現出「季節感」，
也能為餐盤增添色彩。

還未煮熟的時候，
無法食用啊！

切開之後，
像一朵花。

讓我們來看看很容易使用的
「特異蔬菜」吧！
有了它們，就可以做出很多料理。
我自己很喜歡的百搭蔬菜
是洋蔥和包心菜。

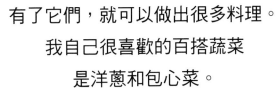

有好多洞啊！♪

像星星！

Q 以下哪一個跟綠花椰菜同屬於十字花科？

1. 包心菜（高麗菜）　　2. 白蘿蔔

3. 白花椰菜　　　　　　4. 山葵（芥末）

答案⋯⋯⋯⋯**全部都是！**

白菜、西洋芹、蕪菁之類的
蔬菜，也都是十字花科哦！

終極法寶 —— 魚

你不喜歡魚嗎？但是魚吃起來很美味呢！
如果了解魚的構造，吃魚就會變成一件有趣的事，
感覺也會變得很好哦！
讓我們一起享用美味的魚料理吧！

魚是靠哪個部位游泳呢？
魚鰭、魚鱗，哪一個要刮下來呢？
魚的屁股在哪裡？魚的血是什麼顏色？
試著看看魚嘴巴裡的樣子吧！

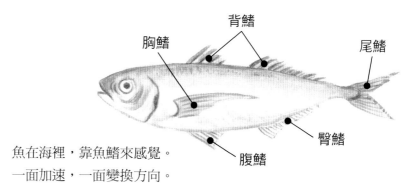

胸鰭　背鰭　尾鰭　臀鰭　腹鰭

魚在海裡，靠魚鰭來感覺。
一面加速，一面變換方向。

魚骨

支撐身體的背骨，
與控制游泳動作的魚鰭連在一起。

魚內臟

魚內臟的末端就是屁股（肛門）的位置。
魚內臟有苦味，所以吃魚的時候多半不吃內臟。

吃魚的時候要
小心魚刺哦！

魚煮熟了之後，眼睛會變成白色。
煎炸得焦脆之後，魚皮會浮起來。
當你聞到香味時，就可以享用了。

寫給家長的話
使用烤魚網架來烤魚時，先加
熱兩分鐘，再開始烤魚。

如果你可以把一整條竹筴魚或秋刀魚吃得很乾淨、漂亮的話，非常了不起哦！首先，將魚頭擺在餐盤的左側，把魚腹的部分對著自己的方向，準備工作就完成了。

①

魚背
魚腹

沿著魚的背骨（正中央的骨頭），
用筷子把魚身的背側與腹側分開。

②

先吃靠近頭的背側肉，
再吃靠魚尾的肉。

③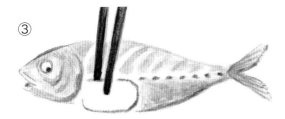

接下來吃腹側的魚肉，
但必須小心，注意魚腹旁邊的魚刺。

Q 在烤一條頭尾完整的魚時，
應該把魚頭朝哪個方向擺放？

答案……… **左**

 切魚時，或是吃魚時，
一面想像魚的各部位，
然後一一分解。
如果把魚頭、魚骨、
魚皮、魚內臟都先去除，
就只剩一半的分量了。
因此，我們不要浪費
所有美味的部位，
開始大快朵頤吧！

④

當你把上半面的魚肉吃乾淨之後，
後面就簡單了。

⑤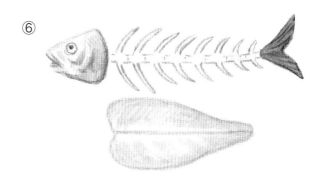

壓住魚頭，把背骨挑起來。
接下來就可以吃下半面的背側肉與腹側肉。

⑥

吃魚時，挑出的魚刺要集中放在餐盤的邊緣。
咀嚼魚肉時，每一口都要用牙齒確實咬碎，
這樣才能知道是否有魚刺。

料理的器具

測量的器具

① 大匙　② 小匙
③ 量杯（200毫升）
④ 量米杯（1杯= 180毫升）

切食材的器具

⑤ 刨刀
⑥ 剪刀：廚房剪刀，或是適合小孩子的安全
　 剪刀和美術剪刀。
⑦ 菜刀
⑧ 砧板：為了不讓砧板滑動，下面可以墊一
　 條溼毛巾。
⑨ 抹布
⑩ 垃圾箱（裝垃圾的容器）

盛放食材的器具

⑪ 篩盆　⑫ 碗
⑬ 盛放切好食材的淺底容器

烹煮或炒菜的器具

⑭ 鍋子（中型）：煮味噌湯之類的時候使用。
⑮ 鍋子（大型）：煮咖哩或煮麵時使用。
⑯ 平底煎鍋　⑰ 木鏟（或是矽膠鏟）
⑱ 筷子　　　⑲ 夾子

寫給家長的話
小朋友在做料理時，需要特別準備的道具只有小型的兒
童菜刀與剪刀，其他都可以使用平常慣用的廚房道具。
如果真的還想添加，可以準備適合小朋友使用的夾子。

實踐篇
親子共廚一起動手做料理

料理
製作者

小勝4歲　小光8歲

挑戰做蛤蜊湯

準備三杯溶液。
① 清水
② 100毫升的清水＋1公克鹽（1%鹽水）
③ 100毫升的清水＋3公克鹽（3%的鹽水）

> 海的味道是……怎麼樣呢？

每個都嘗嘗味道。
小勝：「②是甜的。
　　　　③是鹹的。」
典子：「你喜歡海裡的蛤蜊嗎？你比較喜歡哪一個？」
小勝。「我喜歡③。」

典子：「問你一個困難的問題。1公升的水，如果要做成鹽度3%的鹽水，要放多少公克的鹽？」
小光：「30公克！」
典子：「哇！答對了！」
在1公升的水裡，加入30克的鹽，攪拌均勻。

典子：「蛤蜊生活在哪裡呢？」
小勝：「海裡！」
典子：「對！牠們的家在海沙裡，所以要重現牠們的生活環境。」

把蛤蜊擺在容器裡，注入3%的鹽水，讓牠們吐沙。

觀察一下發生什麼事？
小勝：「很像蝸牛。」
典子：「牠為了要吸水，所以把管子伸出來。」
小勝：「這個看起來很像它的屁股。」
典子：「這是它的腳！」
小勝：「水噴出來了！」

> 水噴出來啦！

鍋子裡放入蛤蜊與500毫升的昆布高湯，開火煮。

典子：「一起來觀察蛤蜊變成什麼樣子？」

鍋子裡冒出泡泡，大家仔細聽聲音並觀察。
小勝：「有喀噠喀噠的聲音吔！」
小光：「蛤蜊殼打開了！」

最後，加入一大匙醬油調味，蛤蜊湯就完成啦！

挑戰做散壽司

小黃瓜好想吃！

首先，在家裡的蔬菜中，找出春天的蔬菜。
小光：「有包心菜、豆類和……」

豆子有三種。去除豆莢絲之後，看看豆莢裡面。
小光：「正中間的皮很硬。豆子很大。」
典子：「這表示只有豆子的部分可以吃。這種豆叫做豌豆。」
典子：「這種豌豆莢，看起來是不是很像刀鞘呢？」
小光：「那麼，是像這樣嗎？」

鏘！

小朋友們剝完豆莢後，叩囉、叩囉的聲音此起彼落。
小勝想確認玩具菜刀與砧板的擺放位置。
典子：「把食物放上砧板後，再拿菜刀。」

典子：「像飛機著陸一樣，往前推，然後切下去。」
第一次切的話，先和大人一起把蒟蒻切成小塊。

接下來，製作壽司飯。首先，先仔細的嘗嘗各種調味料。舔一下鹽，聞一下醋的味道。

把醋、鹽、砂糖混合在一起，攪拌進米飯裡。一邊攪拌，一邊用扇子搧。

典子：「攪拌壽司飯的方法是重複『翻、切、切』的動作。」

這是一小撮鹽。 少許鹽。 這是少許鹽。

將平底鍋傾斜晃動，每個地方都要晃到。

用一顆木頭材質的假蛋，練習如何拿著蛋和敲開蛋。練習好之後，再試試敲開真的雞蛋。
典子：「只要多練習就會更熟練哦！」
小勝：「鏘鏘！我很厲害吧！」

好香啊！

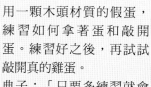

首先，練習晃動平底鍋。熟悉之後，再開始動手煎蛋。

小光已經會用刀子切開捲成一條一條的煎蛋。

小勝正在用剪刀把煎蛋皮剪成一段一段的。
典子：「如果把煎蛋皮捲緊，就可以用剪刀輕易的剪斷。」
小勝：「我還想再多剪一點。」

做壽司飯的時候，會放上很多食材。這也可以全部交給孩子做。
小勝：「這個也可以放，那個也要放。」
小光：「夠了！放太多啦！」
散壽司完成嘍！

用切割模型為煮熟的胡蘿蔔做出形狀，再解開蟹肉棒的塑膠套。
這些任務全部都可以交給小朋友。

開動啦！

第3章

小朋友的
食譜

本章開始介紹各種料理的作法。
從食譜上方的平底鍋數量，就可以知
道是簡單或困難的料理哦！

・適合剛開始學做料理的人

・如果還不會使用菜刀或火源也OK

・短時間就可以完成

・適合還不是很熟練烹調的人

・會使用菜刀和火源

・做一道料理就完成一餐

・適合想多做料理的人

・同時間做兩道料理

・可以自己組合烹調步驟

・需要多花一點時間

清脆爽口的小黃瓜

步驟

敲敲小黃瓜

↓

靜置入味

↓

冷藏後更美味

材料

小黃瓜 ── 2根
鹽 ── 1/2小匙
鹽昆布 ── 1小把
麻油 ── 1小匙
芝麻粒 ── 1/2小匙

器具

擀麵棍（果醬瓶子之類的物品也可以）、塑膠袋。

食譜

1. 把小黃瓜放在砧板上。

2. 一隻手壓著小黃瓜，另一隻手拿擀麵棍，叩叩叩的敲小黃瓜。小黃瓜會出現裂縫，並且軟化。

3. 把小黃瓜切成一口大小，放進塑膠袋裡。撒一點鹽，把袋口綁起來，晃動10次。然後靜置10分鐘左右就會出水，再把水瀝乾淨。

4. 把鹽昆布、麻油、芝麻粒倒進塑膠袋裡，讓小黃瓜入味。放進冰箱裡冷藏就完成了。

再來一根小黃瓜
適合夏天的淘氣小黃瓜

1. 在砧板上放1根小黃瓜，撒上1/2大匙鹽。

2. 在砧板上來回滾動小黃瓜。鹽的顏色如果變成綠色也沒關係。輕輕的洗一下，就可以享用了！

（冰凍一下也很美味）

甲子老師的叮嚀！

小黃瓜如果有一顆一顆突起，表示還很新鮮哦！
建議使用梅乾+芝麻（+紫蘇）、橄欖油、檸檬汁等來調味。

Q彈馬鈴薯餅

步驟

水煮馬鈴薯

↓

壓碎

↓

捏圓餅形再煎熟

材料

水煮或蒸煮的中型馬鈴薯 ⋯⋯⋯ 2個
太白粉 ⋯⋯⋯⋯⋯⋯⋯⋯⋯⋯⋯ 1大匙
鹽 ⋯⋯⋯⋯⋯⋯⋯⋯⋯⋯⋯⋯ 1/2小匙
油 ⋯⋯⋯⋯⋯⋯⋯⋯⋯⋯⋯⋯⋯ 少許

器具

碗、擀麵棍、平底鍋或家用鐵板燒爐具。

食譜

1. 用擀麵棍把水煮或蒸煮過的馬鈴薯壓碎成泥。

2. 加入太白粉和鹽,攪拌均勻。

3. 將馬鈴薯泥捏成圓圓扁扁的形狀。

4. 在平底鍋或鐵板燒爐具上薄塗一層油,煎到正反兩面都有一點焦糖色就完成了。

典子老師的叮嚀!

馬鈴薯如果變涼了,就不容易壓碎,所以一定要趁熱時壓碎。
兩片馬鈴薯中間夾一點起司粉,也很美味哦!如果加起司粉,使用的鹽量就要減少一些。

寫給家長的話
可以讓孩子負責將馬鈴薯泥捏成丸子,大人在煎的時候把丸子壓平。
如果喜歡有嚼勁的口感,可以多加兩大匙的太白粉。

手撕高麗菜

步驟

剝開高麗菜葉片

↓

撒一點鹽

↓

調味

食譜

1. 輕柔的剝取4～5片高麗菜葉片。

2. 把高麗菜葉片撕成一口大小。

3. 把高麗菜、鹽放進塑膠袋，用力晃動，然後把空氣擠出來，將袋口綁緊。

4. 在杯子裡放入醋和砂糖，以600W的功率，微波1分鐘。

5. 步驟3的高麗菜會在5～10分鐘後變軟，把水瀝乾後，和步驟4的糖醋汁混合在一起。

材料

高麗菜 ──── 4～5片
（大約200公克）
鹽 ──── 1/2小匙
砂糖 ──── 1大匙
醋 ──── 2大匙

器具

塑膠袋。

柚子老師的叮嚀！

如果買回來的是一整顆的高麗菜，葉片剝下來之後，形狀很像帽子哦！
調味的話，使用家裡的柚子醋也很美味！

寫給家長的話
首先，用刀子在高麗菜的背面或葉片的根部切開一刀，其他剝葉片的工作就可以交給孩子。你會在孩子們剝葉片時，聽到他們喊著：「越大片越好！」、「很像帽子吧！」。

捲捲三明治

步驟

製作水煮蛋

↓

擺放三明治餡料

↓

捲起來

材料

三明治麵包（切邊）............ 6片

A 水煮蛋 1個
　美乃滋、鹽 .... 隨個人喜好
　青蔥（如果有的話）

B 竹輪 1條
　起司片 1片
　小黃瓜（切細長條）....... 半根
　鹽 .... 少許

C 香蕉 1根
　餡料（巧克力醬、果醬、甜納豆泥都可以）

器具

叉子、奶油刀、保鮮膜。

食譜

1. 把所有要包夾的食材都準備好，這很重要。這樣捲三明治時，才不會手忙腳亂。

A. 用叉子背面把水煮蛋壓碎，以美乃滋和少許鹽調味。

B. 大人事先準備好切成細長條的竹輪、起司片和小黃瓜。

C. 把香蕉橫切成一半後，再縱切成四片。

2. 把保鮮膜攤開，將麵包放在正中央。

把食材放在麵包三分之一處，用保鮮膜包住，再捲起來。這麼一來，麵包的邊緣會重疊。把保鮮膜的兩端各自捏緊，就完成捲捲三明治了。

典子老師的叮嚀！

如果麵包很膨鬆、不容易捲起來，可以用擀麵棍輕壓一下。捲到盡頭的地方，要特別拉緊一點。

寫給家長的話

雖然水煮蛋和醃黃瓜是經典的配菜，但家裡冰箱的常備食材是青蔥，青蔥的味道和水煮蛋也很搭配。

攪拌攪拌納豆

步驟

水煮
秋葵

↓

取出
梅子肉

↓

攪拌
納豆
調味

簡單
食譜

材料

納豆	2包
搭配納豆的醬汁	1袋
梅乾	1粒
秋葵	1袋

器具

剪刀、大碗、筷子。

食譜

1. 秋葵用水煮熟後，用剪刀剪斷。切成長段或小段都可以。

2. 把梅子核與梅子肉分開。用剪刀把梅子肉剪成細長形。

3. 把納豆放進大碗裡，用筷子攪拌。放入納豆醬汁、梅子肉與梅子核、秋葵，一直攪拌攪拌。

因為梅子核也一起倒進碗裡攪拌，所以要小心別把梅子核吃下去。這份菜單是爸爸也會喜歡的哦！

寫給家長的話

秋葵的橫切面像星星，非常可愛，是很受小朋友歡迎的食材。秋葵蒂頭的部分可以切掉，但其實秋葵蒂頭也可以吃，如果一起切進這道料理中，就不會浪費秋葵的任何一部分。水煮的時間，是在水滾之後放入秋葵，煮1～2分鐘。請注意不要煮過久。

黃金玉米飯

步驟

洗米

↓

取下玉米粒

↓

放入玉米芯，按下電鍋開關。

簡單食譜
kobitono daidokoro

材料

玉米 —— 1根
米 —— 2杯
水 —— 400毫升
鹽 —— 1小撮（1/4小匙）

器具

電鍋、大碗、湯匙。

食譜

1. 洗米，水量與平常煮飯相同，設定電子鍋。（煮飯方法請參考33頁）

2. 請家長幫忙把玉米粒從玉米芯上切下來。

3. 用湯匙把殘留在玉米芯上的玉米粒刮下來。

4. 在步驟1的電子鍋中放入玉米粒和鹽，玉米芯放置在最上方。按下電子鍋的開關。接下來，你只需要等待掀開電子鍋的喜悅就好嘍！

典子老師的叮嚀！

煮飯的時候，放一點奶油也會很美味哦！

寫給家長的話
取下玉米粒的做法，是先將玉米橫切成一半，然後立起玉米，刀口朝下，把玉米粒切下來。

小朋友沙拉

步驟

挑選蔬菜

↓

切成
適合入口
的大小

↓

調製
沙拉醬

材料

★蔬菜（可讓孩子自己挑選）
例如：
胡蘿蔔
小黃瓜
玉米
生菜（美生菜、混合生菜葉之類的，
　　可挑選2～3種。）
小番茄
苜蓿芽

火腿
沙拉醬

器具

刨刀、碗、廚房紙巾。

食譜

1. 挑選想要放進沙拉裡的蔬菜。如果使用許多種類的蔬菜，會很美味哦！

2. 清洗生菜葉、瀝乾，再用廚房紙巾擦乾水滴。

3. 加入沙拉醬，用手或筷子拌勻。

4. 使用刨刀將胡蘿蔔和小黃瓜刨成絲。

5. 把生菜放在盤子上，上面擺放其他的蔬菜和火腿，再淋上一點沙拉醬就完成了。

典子老師的叮嚀！

生菜洗過之後會吸水，就變得清脆美味。胡蘿蔔的皮也可以一起吃哦！

寫給家長的話
攪拌的時候雖然也可以用筷子，但是用手攪拌的話，生菜葉片會被適當的壓裂，幫助入味。火腿可以讓孩子幫忙用手撕，或是用奶油刀之類的刀具切開也可以。

剪刀剪剪
義大利蔬菜湯

步驟

切好所有的材料

↓

稍微炒一下

↓

煮湯

簡單食譜

材料

培根肉	3片
胡蘿蔔	大約5公分
長蔥	大約10公分
番茄	半個
菇類（舞菇、金針菇均可）	大約一把
芹菜（隨個人喜好）	大約5公分
（冰箱裡的蔬菜都可以）	
昆布高湯（請參考36頁）	500毫升
油	1小匙
鹽	1/2小匙
胡椒	少許

器具

剪刀、鍋子、木鏟。

食譜

1. 用剪刀剪蔬菜（番茄請大人幫忙切）。

2. 把培根切成1公分的小段。

3. 鍋子裡放油，稍微煎一下培根。

4. 放入長蔥一起炒，然後再炒蔬菜，從比較硬的蔬菜開始炒。

5. 倒入一部分的昆布高湯，讓它剛好蓋過蔬菜，等到蔬菜變軟，再把剩下的昆布高湯和番茄丁倒入，最後用鹽和胡椒調味。

用子老師的叮嚀！

切食材時，必須依照先切蔬菜、再切肉的順序。如果再加上一點香腸，也會很美味哦！

寫給家長的話

胡蘿蔔由大人先切成細長條，之後用剪刀也很容易剪。馬鈴薯或白花椰菜也很適合拿來煮湯。

圓呼呼的歐姆蛋

簡單食譜

步驟

炒食材

↓

攪拌雞蛋

↓

在平底鍋上煎蛋

材料

雞蛋	3個
香腸	3根
綠花椰菜	大約1/4個
胡蘿蔔	1/2根
洋蔥	1/4個
紅椒	1/4個
切丁奶酪（起司）	2～3個
小番茄	隨個人喜好
鹽	1小撮
油	1小匙
奶油	10克（或是油1大匙）

器具

砧板、菜刀（若是年紀很小的孩子，可用剪刀）、小尺寸的平底鍋、筷子、木鏟、碗。

洗綠花椰菜的時候，在碗裡裝滿水，把綠花椰菜整個浸泡在裡面。

食譜

1. 洋蔥切成細絲，紅椒切成大塊，綠花椰菜切成小塊（大約2公分左右大小），香腸切成小塊。

2. 在平底鍋裡倒入油，中火加熱。炒洋蔥與胡蘿蔔，之後再炒紅椒與綠花椰菜。炒好之後，先盛盤備用。

3. 把雞蛋打入碗裡，再加入一小撮鹽。

4. 把炒蔬菜、起司和小番茄放入蛋汁裡。

5. 把奶油或油倒在擦拭乾淨的平底鍋上，倒入步驟4的蛋汁，鋪滿鍋面。用木鏟攪拌直到蛋汁不再流動，轉小火。

寫給家長的話

綠花椰菜一旦水煮過後，吃起來就會軟軟的，不過用烤的也可以。在步驟5時，如果平底鍋不乾淨，煎歐姆蛋時就容易燒焦，因此就算有點麻煩，還是要先用廚房紙巾把鍋面擦乾淨哦！

彩色湯圓

步驟

測量
食材分量

↓

混合捏成
丸子形

↓

水煮

材料

白玉粉（水磨糯米粉）——200公克
白色湯圓用 ——————豆腐50公克
紅色湯圓用 ——————番茄汁45公克
紫色湯圓用 ——————藍莓汁45公克
綠色湯圓用 ——————抹茶1/2小匙
水 ————————————45公克

冷卻湯圓時用的半碗冰水
切好的水果
糖漿
（50毫升的水加1～2大匙的砂糖，加熱
融化）
果汁

器具

秤子、四個小碗、大鍋子、撈杓（或杓
子）、大碗、篩子。

典子老師的叮嚀！

如果沒有抹茶粉做綠色湯圓，
也可以把菠菜切得細細碎碎
的，水煮之後，把水瀝乾，切
碎，與水磨糯米粉拌勻。盡量
保持少量水分。

食譜

1. 四個小碗裡各放入50公克的水磨糯米粉。

2. 準備豆腐、番茄汁、藍莓汁、水。抹茶粉
   加水溶化。

3. 把步驟2的材料，分別放進步驟1的碗裡。

4. 在大鍋子裡把水煮滾。

5. 把步驟3的粉團捏成2公分的丸子。要讓每
   顆丸子的大小一樣哦！
   ★水磨糯米粉團捏成長條狀，切成相同的
     長度，就可以輕易做出尺寸相同的湯
     圓。

6. 把步驟5的湯圓丟入煮滾的水裡，大約1
   分鐘，湯圓就會浮起來，然後把湯圓撈起
   來，放入冰水裡，完全冷卻之後，使用篩
   子將水完全瀝乾。

7. 和水果或糖漿、果汁一起盛到碗裡。

寫給家長的話
加了水混合的湯圓，其硬度大約像冰淇淋。判斷硬度是否合適的
標準，是用湯匙可以舀起一匙的糯米團。請斟酌情況加減水分。

和孩子一起做料理時，保持好心情！

小朋友的好惡

　　有些父母會覺得「如果自己做料理，自己也會多吃一點」，但事實並非如此。有些小朋友喜歡做料理，卻不喜歡吃。

　　常常會聽到小朋友苦惱的說：「我不喜歡吃……（蔬菜之類的）。」人要生存，最必要的能量是糖，存在於米飯或甜味食物當中。這是一種很療癒的味道，打從我出生，就知道甜味的撫慰力量。相反的，人類會為了保護自己，而本能的避開苦味或酸味，因為這兩種味道常常與毒物或腐敗之物有關聯。

　　換句話說，唯有實際嘗過苦味和酸味，才能認識到這兩種味道其實是安全的。請把它當成挑戰的事項，問問自己：「要不要試著吃吃看？」

　　對於孩子來說，不喜歡食物的原因有很多，例如食物的外觀或氣味。在我家的教室裡，我常鼓勵孩子先試吃一口就好。這樣的話，爸媽才能吃到美味的食物。

　　對於那些只吃米飯或配菜的孩子，可以先幫他們盛裝少量的食物，等他們全部吃完之後再添加。

半套與全套課程

　　三、四歲的小朋友參加的「幼幼料理課」，是不會使用到火和菜刀的課程。這個課程還有一個特點是，可以在「一小時內完成料理，然後吃掉。」做料理會耗費很多精神體力，如果時間太長，小朋友容易覺得無聊。

　　所以，請先從親子可以在家同樂、孩子會很想參與的事情開始。例如可以讓孩子剝豌豆莢或剝蛋殼等。

把一整顆高麗菜的葉片剝下來，撕成小片，光是這樣，孩子就會覺得很有成就感：「這是我做的飯哦！」像這種分派給孩子完成的一部分工作，我稱之為「半套」。

在「小朋友的廚房」裡，雖然也會發生小朋友在料理途中離開跑去玩的情形，但我都抱著「往者不追、來者不拒」的態度。碰到孩子無法專心做料理的時候，可以把它想成這個孩子需要喘口氣、轉換一下心情。家裡可以一年365天都開飯，明天也會做飯，後天也會，總有機會碰到孩子剛好有想做飯的心情。

一旦孩子習慣做料理了，很重要的一件事是向孩子點餐：「我想要一份煎蛋。」或是「請幫我做一份沙拉。」（這就是「全套」料理）。讓孩子思考著要採用什麼樣的料理步驟和材料，這不是比做功課能學到更多事情嗎？我是真心這麼認為。

什麼時候開始做料理呢？

「好想做料理！我對媽媽在做的事情感到很好奇。」會說這種話的孩子，年紀大約在3歲到小學一、二年級之間。孩子也許一開始雙手不靈活，而且要耗費很多時間，但這段時期非常重要。不論孩子已經可以自己做料理，或者還只能等待別人把料理做好，我認為很重要的是，在孩子年紀很小的時候，就讓他們知道失敗也是經驗的一部分。

等孩子到了小學三、四年級，已經了解菜刀的危險性，也明白料理的順序很重要，因此就算是初學者，料理的過程也可以很平順。不過到了這個年紀，對於喜不喜歡烹飪這件事大致已經底定了，無法加以勉強。

我認為，首先可以在星期日或下雨天這種時間充裕的日子裡，撥一點時間悠閒的做一頓飯。平常日的作息比較緊湊，若無法與孩子一起做料理，也不需要過於自責。

豬肉炒蔬菜

步 驟

切好材料 → 炒肉 → 炒蔬菜

材料

豬肩肉（或梅花肉）薄片	200公克
洋蔥	1/2個
高麗菜	4〜5片
胡蘿蔔	1/4個
紅椒	1/4個
菇類	（如果有的話）
油	1/2小匙
鹽	1/2小匙
醬油	1小匙

器具

菜刀、砧板、木鏟、平底鍋。

食譜

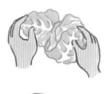

1. 切蔬菜。將高麗菜撕成一口大小（大人可以幫忙切碎）。切掉洋蔥頭、剝掉洋蔥外皮，縱剖成一半，然後把洋蔥頂端切掉，再切成1公分左右的細丁（這裡也可以請大人幫忙）。把紅椒裡的籽取出來，將紅椒和紅蘿蔔也切成1公分的細丁。

2. 把梅花肉切成2公分寬的肉片。

3. 平底鍋裡放油，炒肉片。
   ★炒的方法請參考14頁。如果用鹽調味，為了不讓肉變硬，炒一下就把肉盛到盤子上。

4. 平底鍋裡放入洋蔥、胡蘿蔔之類比較硬的蔬菜。炒的方法和炒肉片一樣。當蔬菜炒熟之後，再把肉片倒回平底鍋，與蔬菜一起拌炒。用醬油調味之後就完成了。
   ★用其他醬料來調味也很美味。

橘子老師的叮嚀！

如果可以做出美味的豬肉炒蔬菜，就可以做出炒麵哦！
在另外一個平底鍋裡炒麵，再與豬肉和蔬菜混合。加了許多肉片和蔬菜的炒麵，非常好吃哦！

寫給家長的話
薄切肉片在常溫之下會變軟，不容易切，所以要切之前再從冰箱拿出來就好。梅花肉也可以用五花肉代替。

炸雞塊

步驟

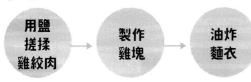

用鹽搓揉雞絞肉 → 製作雞塊 → 油炸麵衣

材料

雞絞肉（雞胸肉）⋯⋯ 200公克
雞胸肉 ⋯⋯⋯⋯⋯⋯⋯ 100公克
雞蛋 ⋯⋯⋯⋯⋯⋯⋯⋯ 1個
麵包粉 ⋯⋯⋯⋯⋯⋯⋯ 2大匙
鹽 ⋯⋯⋯⋯⋯⋯⋯⋯⋯ 1/2小匙
起司粉 ⋯⋯⋯⋯⋯⋯⋯ 1大匙
麵粉
油

器具

塑膠袋、菜刀（或是剪刀）、砧板、碗、木鏟、大烤盤、湯匙、平底鍋、筷子。

食譜

1. 把雞絞肉與鹽放進塑膠袋，將袋口打結，充分搓揉。雞肉出現黏性時，就放進冰箱裡冷藏。

2. 除去雞胸肉的皮，切成長、寬1公分的雞丁。也可以使用剪刀來剪。

3. 把雞蛋放入碗內，充分攪拌。把步驟1和2的雞絞肉、雞丁，連同麵包粉、起司粉一起放進碗裡，用木鏟攪拌均勻。

4. 在大烤盤裡鋪上0.5～1公分深的麵粉，用湯匙把步驟3的肉泥舀到大盆子裡。

5. 平底鍋裡倒入1公分深的油，開火加熱。

6. 把整個肉團沾滿麵粉，然後拿起肉團，整理成圓餅形。

7. 由大人將肉餅放進平底鍋的熱油中。炸到正反面都呈現金黃色就完成了。

   ★可依照自己的喜好，混合番茄醬、美乃滋、萬用醬汁、醬油、芥末醬、柑橘果醬⋯⋯等等，製作私房版沾醬，然後開始享用。

魚子老師的叮嚀！

用鹽搓揉絞肉之後，會出現黏性。我們的手有溫度，如果直接用手搓揉，肉裡的油脂會溶化，所以最好把絞肉放在塑膠袋裡搓揉。

寫給家長的話
如果孩子年紀太小，不適合做油炸的工作，可以利用家用鐵板燒機器，上面多放一點油。這份食譜的美味祕訣是使用兩種不同大小的雞肉，來產生不同的口感。

亮晶晶炒飯和蛋花湯

步驟

- 切食材
- 製作蛋炒飯
- 將飯炒到膨鬆

材料

炒飯

熱米飯	2杯（盛放在碗裡）
雞蛋	2個
培根	2片（烤豬肉片或火腿片也可以）
蟹肉棒	4根
長蔥	10公分（洋蔥也可以）
鹽	少許
沙拉油	1大匙
麻油	1小匙
醬油	1/2大匙

可以隨自己喜好，選擇四季豆、綠花椰菜、豌豆之類的綠色蔬菜。

蛋花湯

雞胸肉	2片
昆布高湯	300毫升（請參考36頁）
洋蔥	1/4個（長蔥也可以）
雞蛋	2個
鹽	1小撮
酒	1小匙
醬油	1/2大匙
水和太白粉	水2小匙、太白粉2小匙

器具

菜刀、砧板、碗、平底鍋、木鏟、湯鍋。

食譜

炒飯

1. 切長蔥。請大人先幫忙直切，之後再用菜刀橫切成細末。

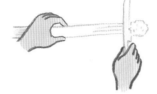

2. 切培根肉。

3. 蟹肉棒切成細末。

4. 把蛋打進碗裡，放入鹽與熱米飯。蛋炒飯好吃的祕訣，就是蛋要稍微多一點。

5. 把沙拉油倒入平底鍋，以中火加熱。油熱了之後，把步驟4的飯料倒進鍋中。感覺就像用木鏟從底部把飯鏟起來，充分混合攪拌。一旦米飯被炒得油亮亮的，就可以把其他材料倒進來混合。

6. 當一整鍋的米飯都炒好之後，淋上麻油與醬油，攪拌均勻之後就完成了。

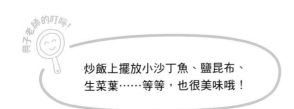

用子老師的叮嚀！

炒飯上擺放小沙丁魚、鹽昆布、生菜葉……等等，也很美味哦！

蛋花湯

1. 把一小撮鹽與一小匙酒撒在雞胸肉上。

2. 鍋內倒入昆布高湯，再倒入薄切的洋蔥（或青蔥），開火煮滾。

3. 湯煮滾後，放入雞胸肉，等到再度沸騰就熄火，蓋上蓋子讓它燜三分鐘左右，美味的雞湯就做好了。（如果繼續開著火，湯會溢出來，要特別小心哦！）

4. 將蛋打在碗裡。製作太白粉水。

5. 先把雞胸肉從鍋子裡拿出來，再加入水溶性太白粉，再度開火，嘗一下味道，倒入醬油。湯滾之後，分次加入少許的蛋汁。蛋汁一倒入湯裡，就不要攪拌了。用手把雞胸肉順著肌理撕成條狀，加進湯裡，這道料理就完成了。

寫給家長的話
也可以使用現成的雞高湯或高湯塊，輕鬆的完成這道料理。

蛤蜊義大利麵

步驟

蛤蜊吐沙 → 炒蛤蜊 → 水煮義大利麵

材料

蛤蜊	1袋
鹽（讓蛤蜊吐沙用）	
蒜頭切片（如果有的話）	一點點
酒	2大匙
義大利麵	150～200公克
韭蔥	3根
熱水	2公升
鹽（義大利麵用）	1大匙
奶油	5～10公克（隨自己喜好）
橄欖油	1大匙

器具

大鍋、夾子、碗、平底鍋、木鏟、廚房計時器、菜刀、砧板、筷子。

食譜

1. 讓蛤蜊吐沙。

2. 煮滾2公升的熱水，然後放入義大利麵。

3. 把已吐好沙的蛤蜊清洗乾淨。在平底鍋裡依序放入大蒜、蛤蜊、酒、橄欖油，開火後蓋上蓋子。等蛤蜊的殼都打開了，就熄火，把蛤蜊撈出來。

4. 步驟2的熱水煮滾了之後，就加入鹽，然後再放入義大利麵。根據義大利麵包裝袋上所註明的時間，設定廚房計時器。

5. 把韭蔥切成細末。

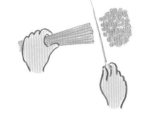

6. 在已經撈出蛤蜊的平底鍋湯汁中，加入奶油和韭蔥末，再度開火攪拌均勻。

7. 加入2～3大匙已經熄火的煮麵熱水，義大利麵醬汁就完成了！把煮好的義大利麵倒進來煮1分鐘，攪拌均勻。當醬汁與義大利麵充分融合在一起之後就完成了。

兔子老師的叮嚀！

蛤蜊生活在海裡，而且多半是在海沙裡。鹽加水，就是為了重建蛤蜊在海底的生活環境。逼出蛤蜊裡沙子的過程，稱為吐沙。
海水的鹽分是3%。一公升的水裡，加2大匙（30公克）的鹽。用報紙之類的物品蓋住蛤蜊，創造一個黑暗的環境，然後靜置30分鐘。很快的，蛤蜊就會伸出牠的水管了！蛤蜊吐完沙之後，用自來水把蛤蜊洗乾淨。

寫給家長的話
讓孩子靠近裝滿熱水的鍋子，是非常危險的，所以必須由大人來完成。可以使用夾子把麵條取出來。

親子丼

切食材 → 烹煮食材 → 製作鬆厚的蛋 → 鋪在米飯上

材料

雞腿肉	半份
洋蔥	1/2個
昆布高湯	1/2～1杯
雞蛋	3個
香菇或杏鮑菇	1/2個
蔥或鴨兒芹	少許
醬油	1大匙
味醂	1大匙
米飯	2人份

器具

菜刀、砧板、小碗、小平底鍋（有蓋的）、木鏟（或是筷子）。

食譜

1. 剝掉洋蔥皮，把洋蔥切成細長條。然後輕輕的打蛋。

2. 雞腿肉去皮，切成半口大小。雞腿肉很難切，所以在切的時候要小心。

3. 在小平底鍋裡放入洋蔥、味醂、醬油，以及剛好蓋過食材的昆布高湯，以中火煮開。

4. 當洋蔥稍微煮熟了，就鋪上雞肉，蓋上蓋子煮到全熟。

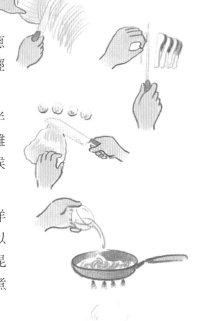

5. 如果覺得湯汁不夠，可以加一點昆布高湯來調整。嘗一下味道，如果是做親子丼，湯汁濃一點沒關係。

6. 把蛋敲開，打散。

7. 將蛋液分兩次加入。

   第一次：把蛋液倒在咕嚕咕嚕湯汁滾著冒泡的地方，然後蓋上蓋子。

   第二次：等第一次的蛋液煮熟之後，再把剩下的蛋液倒進鍋中。

   蓋上蓋子，數到十就完成了。（如果希望煮得更熟透，那就數更久一點，隨你自己的喜好。）

8. 米飯放進碗裡，把步驟7煮好的雞肉與湯汁盛在上面。

重點在雞蛋！
打蛋的時候，要把蛋清打勻。差不多打個10次。把蛋汁倒進平底鍋時，要倒在咕嚕咕嚕湯滾冒泡的地方。

寫給家長的話
對年紀小的孩子來說，雞腿肉很難切。大人可以為小朋友準備切好的雞腿肉。

早安鬆餅

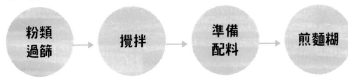

| 粉類過篩 | → | 攪拌 | → | 準備配料 | → | 煎麵糊 |

材料

A 低筋麵粉 —— 100公克
　高筋麵粉 —— 100公克
　泡打粉 —— 2小匙
B 雞蛋 —— 1個
　砂糖 —— 2大匙
　鹽 —— 1/4小匙
　牛奶 —— 1杯
　原味優格 —— 3/4杯

奶油 —— 20公克
楓糖漿或蜂蜜 —— （如果有的話）

配料

炒蛋、香腸、生菜、小番茄……等等。

器具

大碗、耐熱容器（或是小鍋子）、平底鍋（或是鐵板燒爐具）、杓子、鍋鏟、篩網（或是漏杓）、報紙。

食譜

1. 將A的粉類混合、過篩。

2. 融化奶油。可把奶油放在耐熱容器，用微波爐加熱。（500W加熱20秒）

　隨時確認一下奶油在微波爐融化的狀況。或者把奶油放入小鍋子，用小火加熱融化。

3. 把蛋打進碗裡攪拌。再把B材料放入，充分攪拌。

4. 倒入步驟1的粉類後攪拌。最後倒入融化的奶油，充分攪拌。

5. 準備炒蛋、香腸之類的配料。

6. 煎鬆餅。

　在平底鍋裡薄塗一層油，開中火加熱。把裝有麵糊的碗拿到靠近平底鍋的位置，用杓子舀起麵糊，放置於鍋子正中央。接下來轉小火。鬆餅表面如果出現孔洞，就再加一杓麵糊，直到煎餅稍微煎乾凝固，再用鍋鏟翻面。要把麵糊煎到凝固的狀態，才會好吃哦！當正反兩面都煎到金黃色就完成了。

篩粉的方法
把報紙攤開，將粉類倒入篩網或篩盆，輕輕敲打篩網的邊緣。不要讓粉類到處飛揚。

寫給家長的話
由大人來測量粉類的分量，篩粉的工作就交給孩子吧！讓孩子幫忙的時候，不只使用廚房，也可以靈活運用餐桌。使用鐵板燒爐具的時候，一開始先用180℃加熱，倒入麵糊之後，請將溫度調降到160℃。

鯖魚冷湯

你也
做得出來
的食譜

步驟

取出
烤鯖魚的
魚骨 → 提煉
魚骨高湯 → 攪拌
魚肉泥 → 融合
魚肉泥和
高湯

材料

烤鯖魚	2條
味噌（如果可以的話，用麥味噌）	2～3大匙
昆布高湯	300毫升
酒	2大匙
蔥、蒟蒻、木綿豆腐	隨自己喜好
米飯	2碗

器具

鍋子、研磨缽、研磨棒（如果沒有，
可用食物調理機）。

食譜

1. 把烤鯖魚的魚肉取下。
   要小心魚刺哦！魚肉在
   熱熱的時候比較容易取
   下。如果冷卻了，可以
   用微波爐稍微加熱。

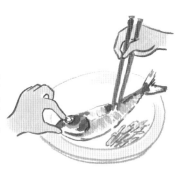

2. 鍋子裡放入已去除魚肉
   的魚骨、昆布高湯和
   酒，開火煮滾之後，轉
   中火煮5分鐘。
   （魚頭不放入也可以）

3. 把步驟1取下的鯖魚肉
   放入研磨缽內，用研磨
   棒搗成泥。如果使用食
   物調理機，要再度確認
   魚肉裡沒有殘留的魚
   刺，然後才開機攪拌。

4. 把步驟3的鯖魚肉與味
   噌充分拌勻，再把步驟
   2提煉出的魚骨高湯加
   入。嘗一嘗味道，確認
   是否太濃、太淡或剛剛
   好。

5. 把步驟4做好的冷湯舀
   到白飯上就完成了。冷
   卻之後也很美味哦！

即使在炎熱的夏天，有了冷湯，
也能讓人多吃好幾碗飯呢！

寫給家長的話

如果擔心不知是否完全剔除魚刺，可以把剝下來的魚
肉放進塑膠袋，仔細的搓揉，這樣就可以看清楚是否
還有魚刺。麥味噌的味道與我們比較常用的米味噌很
合。如果使用的是平常所使用的味噌，而希望能有些
許甜味，可以追加少量的味醂。不建議在味噌裡再加
高湯，因為鯖魚裡就有很多高湯成分了。
把味噌醬放在鋁箔紙上，在烤架上烤過之後，加到湯
裡，可使冷湯更具風味哦！

蛋包飯

步驟

切蔬菜和肉 → 炒熟食材 → 用番茄醬調味 → 加入米飯一起炒 → 依自己的喜好煎蛋

材料

雞肉（一口大小的雞胸肉或雞腿肉）——— 200公克

香腸 ——————————————————— 2～3根

洋蔥 ——————————————————— 半顆（或是長蔥）

胡蘿蔔 ————————————————— 1/2根

菇類（如果有的話）

油 ———————————————————— 1/2大匙

鹽 ———————————————————— 1/4小匙

番茄醬 ————————————————— 2大匙

醬油 ——————————————————— 1小匙

米飯 ——————————————————— 2碗

雞蛋

若是厚燒蛋，一人份，2個蛋，鹽少許，油1/2小匙。

若是薄燒蛋，一人份，1個蛋，鹽少許，油2小匙。

器具

菜刀、砧板、木鏟、小碗、筷子、平底鍋兩個。

食譜

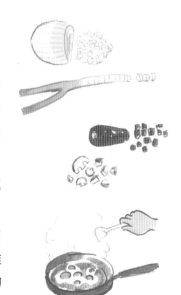

1. 剝去洋蔥外皮，將洋蔥切丁。如果是用長蔥，就切成1公分左右的蔥末。

2. 把胡蘿蔔和菇類切成洋蔥丁一樣的大小。

3. 平底鍋裡放入油，用中火加熱。放入雞肉，加入1/4小匙的鹽一起炒。

4. 把蔬菜和香腸放入一起炒。炒熟之後，加入醬油和番茄醬，炒到水分收乾。

5. 熄火，把米飯倒入。這個順序很重要！攪拌翻炒到米飯粒粒分明。調味後即可盛盤。

6. 煎蛋。

你喜歡厚燒蛋或薄燒蛋？根據自己的喜好增減吧！蛋上面擠上番茄醬之後就完成了。

也加入胡蘿蔔、花椰菜、高麗菜……等等，也很美味哦！

> 雞　肉——雞胸肉與雞腿肉不一樣。
> 雞胸肉——味道清淡，容易切割。把皮去掉的話，可以切得很漂亮。
> 雞腿肉——口感多汁，筋與脂肪較多，比較難切，所以必須先熟練使用菜刀。

小朋友的煎蛋卷

煎蛋卷的中間膨起來，外圍漂亮的捲起來。
煎蛋卷的訣竅是將煎鍋傾斜，讓蛋汁從上方流到下方。
讓我們利用這個小技巧來做煎蛋卷吧！

製作者　料理

英美里9歲

1.把兩個雞蛋的蛋清攪拌均勻。

醬油（1小匙）

砂糖（1小匙）

水（1～2小匙）

※使用牛奶或高湯也可以。

開中火，加熱平底鍋。
加入一大匙油。油稍微多放一點。

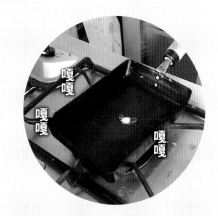

用筷子沾一點蛋汁滴入平底鍋中。
如果蛋立刻膨起，就表示溫度可以了。

2.將比半份再稍多一點的蛋汁倒入鍋中，立刻攪拌。加入1大匙油（油可以稍微多放一點）。

與其說是把它包起來，不如把它想成煎蛋，只是把蛋全部推到前面。

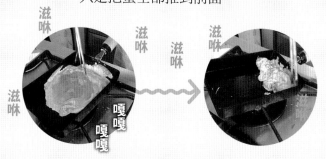

把蛋推滑到鍋子前端，留在那裡，再把剩下的蛋汁一口氣倒入。

3. 讓蛋汁流到第一次煎好的蛋卷下方。

第二次加入的蛋汁煎到半熟時，
將平底鍋傾斜，開始捲蛋。
（可以用鍋鏟哦！）

滋咻

滋咻

滋咻

翻

做好了！

可以開動啦！

和風定食

煎蛋卷　鹽烤鮭魚　醃漬糖醋小黃瓜
浸煮菇類與白菜　味噌湯　白飯

步驟

準備米飯 → 熬煮味噌湯的高湯 → 切蔬菜 → 烤鮭魚 → 用蔬菜製作配菜 → 製作味噌湯 → 煎蛋卷

材料

煎蛋卷・鹽烤鮭魚

雞蛋	2個
醬油	1小匙
砂糖	1小匙
水	1～2大匙
油	1大匙
鹽鮭（甘味）	2片

醃漬糖醋小黃瓜

小黃瓜	1根
鹽	1小撮
醋	2小匙
砂糖	1小匙

浸煮菇類與白菜

高湯（柴魚與昆布）	80毫升
醬油	2小匙
味醂	2小匙
白菜	2片（100公克左右）
菇類	1把（50公克左右）

味噌湯

高湯（柴魚與昆布）	400毫升
白蘿蔔	50公克
豆腐	1小塊
蔥	3根
味噌	2大匙（30公克）

米飯

器具

鍋、砧板、菜刀、平底鍋、
小碗、筷子、杓子。

食譜

米飯

請參考32頁。

味噌湯

高湯煮滾之後，加入白蘿蔔、蔥，
煮軟之後，再加入豆腐和味噌。

醃漬糖醋小黃瓜

小黃瓜切薄片，加一小撮鹽攪拌，
再用醋與砂糖調味。靜置一會兒，
等小黃瓜出水了，把水倒出。

浸煮菇類與白菜

製作萬用高湯。
（味醂：醬油：高湯比例＝1：1：8）
切成小片的白菜放入湯汁裡煮軟，
加入菇類增添風味。

味醂　醬油　高湯

鹽烤鮭魚

烤鮭魚時，要等魚皮烤得微焦並
發出吱吱聲時，再把鮭魚翻面繼
續烤。

煎蛋卷

1. 打兩個蛋，再加入醬油、砂
   糖、水，攪拌均勻。
2. 把用來煎蛋的平底鍋以中火
   加熱，淋上1大匙油。
3. 把步驟1的蛋汁倒入一半至三
   分之二左右，輕輕攪拌。當
   蛋汁開始凝固時，從上往下
   捲起來。
4. 倒入剩下的蛋汁，讓它流到
   剛剛煎好的蛋卷下面。當蛋
   汁開始凝固，就再捲一次。

魚子老師的叮嚀！

讓煎蛋卷變得美味的祕訣，在於將平
底鍋傾斜，讓煎蛋滑向靠近你的一
端，也就是讓蛋從上滑落到下方。

魚子老師的叮嚀！

食譜如果分開一個一個做的話，非常簡單。如果沒辦
法一次全部做，那就從一個或兩個開始做。當這些都
做得出來之後，就可以思考自己的菜單哦！
主菜可以做蛋白質類的料理，例如肉或魚。用蔬菜來
做配菜或湯，以搭配主菜。這樣的菜單就很美味！

寫給家長的話

做煎蛋卷時，如果油用得太少，蛋卷就
膨鬆不起來。因此油的分量要剛好哦！

多汁的漢堡排和薯條

步驟

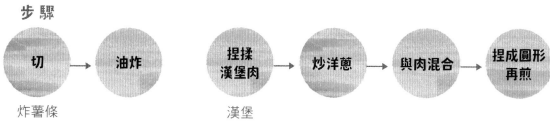

切 → 油炸

炸薯條

捏揉漢堡肉 → 炒洋蔥 → 與肉混合 → 捏成圓形再煎

漢堡

材料

漢堡排

豬絞肉	300公克
鹽	3公克（1/2小匙）
洋蔥（中型）	1/2個
麵包粉	2大匙
牛奶	2大匙
雞蛋	1個
沙拉油	1/2大匙（炒洋蔥用）
	1/2小匙（用來塗在手上）
	1/2大匙（煎漢堡肉）

炸薯條

馬鈴薯	2個
油	分量約油炸鍋的一半
鹽	1小撮

器具

菜刀、砧板、碗、木鏟、平底鍋、鍋鏟、油炸鍋、塑膠袋、方型大烤盤。

食譜

漢堡排

1. 把絞肉和鹽放進塑膠袋裡，用力揉壓，直到絞肉變得有彈性。放入冰箱冷藏。

2. 洋蔥去皮，切成細丁。在平底鍋裡放入1/2大匙的油，炒洋蔥丁，炒到洋蔥丁漸漸變成透明。

3. 把炒好的洋蔥丁移到方型大烤盤上冷卻。

4. 把麵包粉浸到牛奶裡。

5. 雞蛋打好之後，把麵包粉和絞肉倒進去，用鏟子攪拌。

6. 把1/2小匙的油塗在手上，攪拌步驟5的肉泥。挖一球肉泥，再用手整理成漢堡排的形狀。

7. 在平底鍋裡淋上1/2大匙的油，放入漢堡排，開中火煎。單片煎好之後翻面，蓋上蓋子讓它蒸燒（用筷子戳肉，如果肉汁變得透明，就表示蒸好了）。

8. 漢堡排從平底鍋裡取出後，在平底鍋裡加入番茄醬與醬油，製作漢堡排醬汁。（油會噴濺，要特別小心）

炸薯條

1. 馬鈴薯清洗乾淨，如果有芽苞或綠色的部分，必須去除。

2. 保留馬鈴薯皮，切成八瓣，擦乾水分。

3. 把油倒進油炸鍋裡，加入馬鈴薯後，開火（油炸的工作交給大人）。

4. 最後在薯條上灑鹽。

野餐三明治

步驟

準備
三明治
餡料 → 把材料
夾進吐司 → 一疊一疊
切開

材料

吐司 ································· 6片

A 火腿蔬菜三明治
　　火腿（煮過的香腸薄片或烤過的培根也可以）······ 3片
　　起司片 ····························· 1片
　　生菜（美生菜片或沙拉生菜都可以）········· 2片
　　美乃滋 ···························· 2大匙
B 炒蛋三明治
　　雞蛋 ····························· 2個
　　奶油 ························· 5公克左右
　　牛奶 ···························· 2大匙
　　砂糖 ···························· 1小匙
C 甜點三明治
　　蘋果 ··························· 1/8個
　　果醬 ·························· 1～2大匙

食譜

1. 把材料B的雞蛋打入平底
　　鍋，製作成炒蛋備用。

2. 材料A的兩片吐司塗上美乃
　　滋，另外兩片塗上果醬。

3. 把材料A和C的材料夾在一
　　起壓緊，用保鮮膜一個一個
　　分別包起來。

4. 剩下的兩片吐司夾上炒蛋。

5. 從中切一半，放入便當盒。

魚子老師的叮嚀！

雖然大部分的三明治都是美乃滋口味，
但可以試著想想看「把平常的配菜放在
麵包上吃掉」，就可以想出很多材料，
把它們都夾進三明治裡也不錯哦！

器具

菜刀、砧板、小碗、筷子、
湯匙、保鮮膜、餐盤。

沾抹相宜的三種美味沾醬

A 酪梨沾醬

　酪梨一個，去掉皮和種子，
放進碗裡，擠入一片檸檬的
汁液。放入1小匙橄欖油、
少許鹽和黑胡椒（如果不喜
歡就不放），攪拌均勻。

B 水切優格（希臘優格）沾醬

　把咖啡濾紙或廚房紙巾放在
一個小小篩盆裡，再放入
優格（經過2～3小時的滴
漏，會變得像乳酪起司的質
感）。

　除去水分的優格放入碗裡，
灑上堅果或水果乾，再淋上
蜂蜜。

C 明太子沾醬

　把一個水煮過的馬鈴薯壓成
薯泥，加入1匙明太子醬和1
大匙美乃滋，攪拌均勻。

魚子老師的叮嚀！

取下酪梨核的方法

把刀子插入酪梨隆起的部分，劃一圈（縱
向或橫向都可以）。
這時候，如果左手和右手往反方向拉開果
肉，酪梨核會留在原處，再用湯匙挖出。
酪梨一接觸到空氣，顏色就會開始變得不
好看，所以請在食用之前再切開。加入檸
檬汁的作用，就是為了防止酪梨變色。

照燒雞肉便當

步驟

- 準備米飯
- 用鹽揉壓雞肉
- 以配菜做點綴
- 蒸照燒雞肉

材料

照燒雞肉

雞絞肉	300公克
鹽	3公克（1/2小匙）
雞蛋	1個
生薑汁	1小匙
酒	1大匙
太白粉	1大匙
蓮藕	50公克
沙拉油	1大匙
醬油	1大匙
味醂	1大匙

金平牛蒡

牛蒡	約30公分
油	1小匙
醬油	1大匙
砂糖	1小匙
味醂	1大匙

器具

菜刀、砧板、碗、鍋鏟、
鍋子、筷子、塑膠袋。

芝麻菠菜

菠菜	1/2袋
芝麻粒	3大匙
砂糖	2小匙
醬油	2小匙

調味醬汁

醬油	1小匙
水	1大匙

小番茄
水煮蔬菜（胡蘿蔔、綠花
椰菜、豌豆之類均可）

食譜

照燒雞肉

1. 把雞肉和鹽放入塑膠袋裡揉壓，直到產生黏液。

2. 在燒烤之前，先放入在冰箱裡冷藏、保鮮。

3. 把雞蛋打進碗裡，放入雞肉。把蓮藕切成半公分左右的細丁，連同其他調味料放入碗裡攪拌。

4. 把肉泥揉成丸子狀，放在平底鍋上煎。一面煎至恰當的燒烤焦色之後，立刻翻面，蓋上鍋蓋讓它蒸燒。

5. 淋上味醂和醬油就完成了。

金平牛蒡

1. 牛蒡的切法（任何一個都可以）

   ① 像削皮一樣，全部都用刨刀削片。

   ② 用菜刀切細絲。

   ③ 挑戰斜切成薄片。

① ② ③

2. 用油炒牛蒡，直到牛蒡變軟之後，加入砂糖、醬油、味醂調味。

芝麻菠菜

1. 把菠菜浸到水裡，然後擰乾。

2. 把菠菜根洗乾淨（太厚的部分可以劃一刀）。

3. 鍋中的水煮滾。從菠菜根部先放入水中，等到水煮滾了，再把全部的菠菜壓進水裡。燙熟之後，把菠菜放進篩網，瀝乾水分。

4. 混合醬油和水，作為調味醬汁。與燙好的菠菜混合之後，再度把水瀝乾。

5. 把芝麻粒、砂糖、醬油混合，淋在菠菜上。

盛盤

先放米飯，再放蔬菜，最後放照燒雞肉，依照這個順序盛盤。把小番茄和水煮蔬菜塞在空隙間。蔬菜的底部可以放一點美乃滋。

典子老師的叮嚀！

讓菜色盡可能的色彩豐富，就能成為營養豐富的便當。調味的時候，不光只有醬油，還可以使用含有酸味或鹽味的醬料做搭配。

寫給家長的話
米飯盛進便當之後，先讓米飯稍微放涼一點。記得一定要擦乾小番茄與蔬菜上的水分。

白醬焗烤麵包

驚人的
美味食譜
kobitono
daidokoro

步驟

炒香腸
或蔬菜 → 製作
白醬 → 灑上起司
烘烤

材料

法國麵包	2～3片（或吐司1片）
披薩用起司	50公克
白醬（容易製作的分量）	
牛奶	500毫升
奶油	70公克
麵粉	1/3杯
鹽	1/2小匙
香腸（火腿或培根也可以）	4根
洋蔥	1/4個
青椒（夏季可用櫛瓜）	半個
茄子	1小條
菇類	

器具

菜刀、砧板、碗、木鏟（或是矽膠鏟）、平底鍋（或是一般湯鍋）、打蛋器、耐熱餐盤、烤箱或烤麵包機。

食譜

1. 切蔬菜和香腸。

   將香腸切成1公分左右的小段，其他的蔬菜也切成同樣的大小。

2. 洋蔥和其他比較硬的食材炒完之後，再放入香腸。加一點點鹽，略微調味。

3. 製作白醬。

   使用深一點的平底鍋，在鍋裡放入奶油，以小火加熱。

   用鏟子一面攪拌奶油，使其完全融化，然後立刻熄火，慢慢倒入麵粉。再度開火，從底部翻炒麵粉。（4～5分鐘之後，麵糊就會變得滑順。小心不要讓麵糊燒焦。）

4. 加入牛奶，一邊用打蛋器攪拌，一邊用小火煮4～5分鐘。當麵糊變濃稠再加入鹽，完成白醬的製作。

5. 法國麵包切片（如果是吐司，就切成1/4），放進耐熱烤盤裡。上面放上步驟2的食材，倒進白醬，再灑上大量的起司。

6. 放進預熱200°C的烤箱裡，烤10～15分鐘。當表面烤得金黃時就完成了。

> 典子老師的叮嚀！
>
> 如果學會做白醬，就可以做白醬燉菜或焗烤。只要先水煮肉和蔬菜，再加入白醬即可。
> 焗烤的食材可以換成通心粉，也可以換成米飯做成焗烤飯。

寫給家長的話
如果想要縮短在烤箱中的焗烤時間，請先將烤盤放入微波爐中預熱2～3分鐘。

手打烏龍麵

步驟

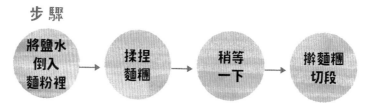

將鹽水倒入麵粉裡 → 揉捏麵糰 → 稍等一下 → 擀麵糰切段

材料

中筋麵粉 ──── 500公克
（如果沒有中筋麵粉，就用高
筋麵粉和低筋麵粉各半。）
鹽 ──── 20公克
水 ──── 220毫升

器具

大的夾鏈袋、菜刀、砧板、碗、
擀麵棍、大鍋子。

食譜

1. 把鹽溶於水中。

2. 麵粉放入碗裡，步驟1的鹽
   水一點一點倒入。將碗底的
   麵粉往上翻，讓水布滿整碗
   麵粉，並攪拌均勻。把麵糰
   放進夾鏈袋，靜置10分鐘。

3. 把麵糰從碗裡取出，揉壓大
   約5分鐘左右。麵糰會逐漸
   成型為一團。

4. 靜置30分鐘至1小時後，烏
   龍麵糰會變得潮溼。此時將
   麵糰放入夾鏈袋，盡可能把
   空氣擠出，甚至可以用腳把
   空氣踩出來。過了2～3分
   鐘，當麵糰被壓平了，打開
   夾鏈袋，把麵糰對折，放回
   夾鏈袋，再度壓平。重複這
   個過程3～4次。

5. 用擀麵棍將麵糰擀成小
   於0.5公分的厚度，對折
   並攤平3～4次，然後切
   成0.5～1公分的寬度。

6. 在大鍋子裡把水煮滾，
   放入麵條煮約10分鐘。
   如果麵條還很硬，就再
   煮久一點。視麵條的粗
   細，煮麵的時間也會有
   所不同。請一面嘗嘗麵
   條的熟度，一面注意煮
   麵的時間。

7. （由大人來做）

   麵煮好之後就放進冷水
   裡冷卻，沖洗一下之後
   盛盤。冷烏龍麵、熱湯
   烏龍麵或炒烏龍麵，都
   非常美味。可以加上柚
   子醋、醬油、檸檬、白
   蘿蔔泥或芝麻粒。

典子老師的叮嚀！

麵粉裡含有被稱為「麩質」的蛋白質。視含量不同，麩質的種類不
一樣，烏龍的黏性（張力的強度）也有所不同。
• 高筋麵粉做出來的質地潮溼、緊實，適合用來做麵包類的食品。
• 低筋麵粉做出來的質地柔軟、鬆脆，適合用來做蛋糕和餅乾。
在日本，從很久以前就使用介於兩者之間的中筋麵粉當作製作烏龍
麵的材料。

飯糰
壽司飯

步驟

製作
壽司食材 → 製作
壽司飯 → 裝飾

材料

壽司飯的材料
米飯、醋、砂糖、鹽。

食譜

壽司飯

	醋		砂糖		鹽
（5杯米）	100公克	：	50公克	：	20公克
（3杯米）	60公克	：	30公克	：	12公克

把上述材料充分混合，
製作壽司飯。
一邊用扇子把熱飯搧
涼，一邊用飯匙攪拌。
可以隨自己的喜好，調
整酸度和甜度。

醋

鹽

砂糖

推薦的散壽司材料
芝麻
鰻魚或貝類佃煮
甘露煮的葫蘆乾
乾香菇
烤鮭魚鬆
薄燒蛋
魚板
煙燻鮭魚
蒸蝦
當季的豆類
小黃瓜
生魚片

器具
菜刀、砧板、醋桶、飯匙、
蔬菜壓模、保鮮膜、盤子。

飯糰
把食材放在保鮮膜上，
排列整齊。
從底部輕輕握住米飯
（像乒乓球大小），然
後把整張保鮮膜捏成一
個圓球。

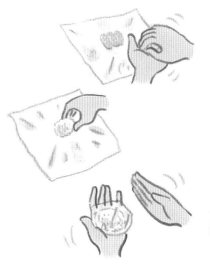

推薦的飯糰材料
煙燻鮭魚、薄燒蛋、竹
輪、毛豆、火腿、蝦仁

典子老師的叮嚀！

不喜歡醋的人，可以先把醋放進鍋裡煮滾
一下哦！
延伸食譜：
• 五目壽司飯
  乾香菇、葫蘆乾、乾蝦米、炸豆腐、胡蘿
  蔔、牛蒡⋯⋯盡可能切得細碎。
  砂糖2大匙 + 醬油2大匙 + 香菇水100毫
  升，煮滾。
• 胡蘿蔔壓模
  將切成細薄片的胡蘿蔔汆燙一下，然後用
  蔬菜壓模壓出形狀。如果只是用手指下
  壓，可能不容易拔出來，所以要用整個手
  掌往下壓。

寫給家長的話
可以請大人把壽司飯的形狀做好，然後讓孩
子放上生魚片並握住壽司。可愛的壽司屋老
闆登場！

草莓大福
迷你銅鑼燒
煎茶

材料

草莓大福（10個分量）

水磨糯米粉	100公克
水	160〜180公克
砂糖	20公克
紅豆餡	100〜150公克
草莓	10個
太白粉或玉米澱粉	30公克

迷你銅鑼燒（10個分量）

雞蛋	2個
白砂糖	60公克
味醂	1大匙
蜂蜜	2大匙
小蘇打	1/2小匙
（如果沒有，也可用泡打粉1小匙）	
水	1大匙
低筋麵粉	90公克
油	1/2大匙

煎茶（1人份）

茶葉	3公克
（尖尖的一大匙）	
熱水	130毫升

煎茶加了茶葉，香氣怡人，喝起來很順口。因為它的咖啡因含量很少，所以也適合年紀小的孩子。

器具

耐熱碗、飯匙（或是研磨棒）、方型大烤盤、蒸籠紙、碗、打蛋器（或筷子）、矽膠鏟、鐵板燒爐具、鍋鏟、茶壺。

食譜

草莓大福

1. 在耐熱碗裡放入水磨糯米粉與水，攪拌均勻。

2. 在不覆蓋保鮮膜的情況下，放進微波爐，以600W加熱1分鐘。取出來之後，用飯匙或研磨棒攪拌均勻。重複這個步驟兩次。

3. 如果攪拌得好，糯米糰會變得像平常吃的一樣柔軟。這時加入砂糖，讓它軟化。如果糯米糰很硬，最後可以加20毫升的水，再用微波爐加熱一次。

4. 讓糯米糰降溫，直到可以用手觸摸的溫度為止。

5. 去除草莓的蒂頭。把紅豆餡分成10個小丸子。

6. 把步驟4的糯米糰放到方型大烤盤裡，灑上大量的太白粉，用切板刀切成10等分。

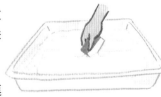

7. 把步驟6的餡料一個個包進糯米糰裡。像攤開餃子皮一樣把糯米糰攤開，把草莓放在正中央，用紅豆餡包住草莓，讓草莓的尖端露出來（也可以整個包在紅豆餡裡）。

迷你銅鑼燒

1. 在碗裡打蛋，分2～3次加入白砂糖，再加入味醂與蜂蜜攪拌。

2. 一邊隔水加熱（80°C），一邊攪拌，直到變成乳白狀。

3. 1/2小匙小蘇打粉加水溶化，加入低筋麵粉，用矽膠鏟攪拌均勻。

4. 放進冰箱冷藏30分鐘。

5. 鐵板燒爐具加熱到180°C，薄塗上一層油。
   將步驟4的麵糊在鐵板上倒成大約直徑4～5公分的圓餅。

6. 表面乾了之後，會出現一個一個小洞，這時就翻面。

7. 正反兩面都煎好之後，取出來，放在一旁冷卻。之後，在兩片中間夾入紅豆餡。

煎茶

視人數而定，將適量茶葉放進水壺。水滾之後，把水一次倒進茶壺裡。沖泡30秒之後，把茶湯全部倒出來。

寫給家長的話
大福很容易變硬，所以請趁早食用。

93

結語

我的小幫手

　　女兒小時候，每當下雨天無法去公園玩時，我們就會一起做鬆餅，或是剝高麗菜葉、一片一片排列在一起，這樣也很好玩。她上了幼兒園之後，傍晚看電視時間，她還是會高喊：「一起來做飯吧！」每次自己做料理，她的手就停不下來，會和我一起打蛋，或是剝洋蔥皮。如果試著把工作交給孩子，他們會很努力把事情做好哦！雖然出現在餐桌上的常常是炒豆芽和孩子創意發明的醬汁。

　　女兒現在小學四年級，當我很忙的時候，會對她說「攪拌一下這個」、「排一下這個」。她是我的最佳小幫手（不過，最近她也有好多其他事情要忙，所以有時候有點不情願，但我覺得沒關係）。

「開動啦！」和「我吃飽啦！」

　　當孩子努力做出料理後，馬上就會想吃。在此之前，可以先派孩子擺置碗筷、添飯、準備吃飯。在「小朋友的廚房」裡有一條規矩是——不論是上完料理課之後的用餐，或是和家人朋友一起吃飯，孩子都必須先說：「開動啦！」吃完飯也必須說：「我吃飽啦！」用餐完畢後，孩子必須把食物殘渣收集在碗盤裡，自己把碗筷收到廚房裡。這些都包含在「享用美食」這件事裡。我想讓孩子知道——好好享用美食是一件愉快的事。

活著，就得吃飯！

　　肚子天天都會餓，人每天都要吃飯，我們可以和孩子一起選擇食材、自己料理、然後一起吃飯，不要老是把這個工作交給外人。料理是每個人生存必備的技能，不論孩子身邊是否有人可以為他張羅和準備食物，總不可能持續到永久；為了開啟孩子下廚的技能，讓孩子日後能做出自己想吃的料理，建議讓他們從幫忙做料理開始，進而愛上自己動手做料理。我之所以堅持經營「小朋友的廚房」，正是秉持著這樣的初衷。

與孩子一起做料理的快樂

　　最後，我來總結和孩子一起做料理的重點。
* 選擇適合孩子的料理方式和道具使用方法。
* 製作「你想吃的料理」，而不是可愛華麗的餐點。
* 認真看待孩子的「為什麼」。孩子都會注意到凝結在平底鍋蓋子上的水滴，也會注意到灑鹽之後會變如何，他們看著魚嘴巴內部，也會從魚牙齒的形狀想像牠們吃什麼。

* 做料理的時候，一定要不時嘗嘗味道。這是為了讓孩子了解味道的變化。
* 一起做料理，一起吃。這樣的樂趣無窮，美味無比。
* 說穿了，我喜歡看到孩子顯露出「我做出來了」的喜悅容顏。我覺得好有活力。從現在起，我會繼續和孩子一起做「家常料理」，因為我想和孩子一起話家常、享用美食。

　　　　　　　　──小朋友的廚房／上田典子

作者｜上田典子

　　出生於日本愛媛縣。生長於種植蜜柑的農家，從小就在充滿海鮮與山產的環境中成長，因此很喜歡享用美食。從資訊科技業轉職之後，在博物館與美術館裡開設兒童教育課程，並且於2014年在東京都世田谷區的自宅內，開辦以小朋友為對象的料理教室「小朋友的廚房」，課程的對象包括三歲以上的幼兒和小學生，有時候也有媽媽們與外國人士，是相當熱門的料理教室。從2018年開始，與「邏輯料理」系列書籍的監修者前田量子女士合作。目前除了開設小學放學後的課程、舉辦活動、主持咖啡店裡的工作坊之外，也提供個別的料理課程。

　　「小朋友的廚房」網站：http://kobitonodaidoko.wordpress.com

翻譯｜林劭貞

　　兒童文學工作者，從事翻譯與教學研究。喜歡文字，貪戀圖像，人生目標是玩遍各種形式的圖文創作。翻譯作品有《每顆星星都有故事：看漫畫星座神話，學天文觀星祕技》、《你的一天，足以改變世界》等；插畫作品有《魔法二分之一》、《魔法湖畔》、《天鵝的翅膀：楊喚的寫作故事》（以上皆由小熊出版）。

親子課

小朋友的廚房：一起動手做家庭料理

作者／上田典子　翻譯／林劭貞　編集／武藤奈緒子・星の環会編集室　道具統籌／足立郁美

總編輯：鄭如瑤｜主編：施穎芳｜特約編輯：邱孟嫻｜美術設計：黃淑雅｜行銷副理：塗幸儀｜行銷助理：龔乙桐

社長：郭重興｜發行人兼出版總監：曾大福
業務平臺總經理：李雪麗｜業務平臺副總經理：李復民
實體業務協理：林詩富｜海外業務協理：張鑫峰｜特販業務協理：陳綺瑩
印務協理：江域平｜印務主任：李孟儒
出版與發行：小熊出版・遠足文化事業股份有限公司
地址：231新北市新店區民權路108-3號6樓
電話：02-22181417｜傳真：02-86672166
劃撥帳號：19504465｜戶名：遠足文化事業股份有限公司
客服專線：0800-221029｜客服信箱：service@bookrep.com.tw
Facebook：小熊出版｜E-mail：littlebear@bookrep.com.tw
讀書共和國出版集團網路書店：http://www.bookrep.com.tw
團體訂購請洽業務部：02-22181417 分機1124
法律顧問：華洋法律事務所／蘇文生律師｜印製：凱林彩印股份有限公司
初版一刷：2022年8月｜定價：390元｜ISBN：978-626-7140-36-9

國家圖書館出版品預行編目（CIP）資料

小朋友的廚房／上田典子作；林劭貞翻譯. -- 初版. -- 新北市：小熊出版：遠足文化事業股份有限公司發行, 2022.08
96面；21 x 25.7公分. --（親子課）
ISBN 978-626-7140-36-9(平裝)

1.CST: 烹飪 2.CST: 食譜 3.CST: 親職教育

427　　　　　　　111009645

小熊出版FB專頁　小熊出版官方網頁